消防安全科普系列丛书

社区居民消防安全手册

韩海云　郑兰芳　主编

中国人事出版社

图书在版编目（CIP）数据

社区居民消防安全手册 / 韩海云，郑兰芳主编 .-- 北京：中国人事出版社，2021

（消防安全科普系列丛书）

ISBN 978-7-5129-0104-9

Ⅰ. ①社…　Ⅱ . ①韩…②郑…　Ⅲ. ①居民 – 消防 – 安全教育 – 手册　Ⅳ. ①TU998.1–62

中国版本图书馆 CIP 数据核字（2021）第 034223 号

中国人事出版社出版发行

（北京市惠新东街 1 号　邮政编码：100029）

*

北京市白帆印务有限公司印刷装订　　新华书店经销

880 毫米 ×1230 毫米　32 开本　8.125 印张　175 千字

2021 年 4 月第 1 版　　2021 年 4 月第 1 次印刷

定价：19.00 元

读者服务部电话：（010）64929211/84209101/64921644

营销中心电话：（010）64962347

出版社网址：http：//www.class.com.cn

序

消防工作是国民经济和社会发展的重要组成部分，事关老百姓的生命和财产安全，是促进经济社会协调健康发展的重要保障。根据应急管理部发布的2019年全国消防安全总体形势数据，2019年全国共接报火灾23.3万起，造成1 335人死亡、837人受伤，直接财产损失36.12亿元，其中，城乡居民住宅火灾起数占44.8%，但全年共造成1 045人死亡，占死亡人数的78.3%。在居民生活水平日益提高的背景下，却产生了大量“小火亡人”“家破人亡”的悲惨事故。随着社会对消防安全工作日益重视，民众对消防安全意识提升的需求也更加迫切。如何加强源头治理、综合治理，提升居民火灾的防控水平，是消防安全科普工作的最紧迫课题。

中国人事出版社通过深入调研并组织科普专家团队论证后，选取了火灾危险隐患多、人员密集、人员安全意识薄弱、社会受益面大的场所，开发了“消防安全科普系列丛书”。本套丛书首批以乡村居民、社区居民、林牧区居民及高校学生为受众对象，开发了《乡村居民消防安全手册》《社区居民消防安全手册》《林牧区居民消防安全手册》和《高校学生消防安全手册》。丛书在内容上以消防安全常见问题为导线，系统梳理科普对象在工作、生活和学习中常见的消防安全问题，结合消防安全专业知识进行释疑解惑，力求为不同场所的不同对象提供用火、防火、灭火或逃生所需要的科学、实用的知识储备。

社区作为城镇管理的基础环节，与人民群众息息相关。随着社会结构和人们生活方式的变化，人们对文明社区的建设有着越来越高的要求，火灾防控是其中重要的一项内容。然而，不容乐观的是，近年来的火灾形势表明，社区暴露出的火灾隐患越来越多，以高层建筑住宅火灾的问题尤为突出，远超其他场所亡人的总和，居民住宅火灾形势严峻。因此，在社区居住、生活、生产的居民，有必要了解火灾和消防安全知识，提高火灾防范意识和自防自救的能力，共同捍卫美丽家园免受火魔侵害。

本书以普通的居民家庭——老王一家三代为主角，通过描绘社区生活中具体情境引入消防安全主题，以居民普遍关切和疑惑的问题为切入点，依据消防法律法规、技术标准规范，以及相关政策和指导意见，围绕社区防火、灭火的关键理论和实用技能，将社区火灾特点和规律、火灾案例的教训、社区火灾防范措施、初起火灾处置、火场自救和互救以及社区消防安全责任梳理为火灾篇、防火篇、灭火篇、救助篇、法律篇 5 篇近 120 问，以一答一问的形式答疑解惑，从而系统、重点、通俗地介绍了社区居民应知应会的消防安全常识。

本书编写人员由中国人民警察大学公共安全科普宣教与产业发展研究中心的消防科普专家组成。韩海云教授与郑兰芳副教授担任主编。参编人员分工如下：郑兰芳副教授编写第 1 篇，韩海云教授编写第 2 篇专题一至三，王滨滨副教授编写第 3 篇，肖磊博士编写第 2 篇专题四和第 4 篇，张云博讲师编写第 5 篇。防火工程学院学生卢臻、赵明月、董明可欣、洪嘉文承担资料收集和整理工作。

本书的出版将更新和丰富面向公众的防灾减灾科普教育产品体系，为开展社会消防宣教提供工具和资料参考，引导社会公众强化消防安全意识，掌握用火、用电、用气的防火常识，正确处理初起火灾和火场避险，从源头上降低因人为因素导致火灾发生的概率，防止火灾致贫、致死等恶性事故的发生，为建设社会和谐稳定、人民安居乐业的“平安中国”做出贡献。

目　录
CONTENTS

第 1 篇　火灾篇

【引导语】老王一家所在的乡镇位于城市郊区，随着城市建设发展，老王家的房子因道路改造被拆迁，如今一家五口要住进高层楼房里。刚搬到十五楼的老王从楼上望下去，还真有些眼晕。他心里琢磨着：哎哟哟，这么高的楼，有个啥紧急情况可咋往下跑呀！还不如农村的平房院子。儿子小王过来兴致勃勃地拉着老爸参观新房子，说着装修设想……

老王作为原村里的治安保卫主任，安全这根弦时刻绷着，他对儿子表明了态度：城里的居民楼不像村里，各家独院、人口少，居民楼里每层都有十几口，用火用电用气多，一家着火，全楼遭殃，我们装楼房、住楼房可是要好好学一学消防安全知识才住得踏实。

本篇主要针对社区居民火灾形势和特点，阐述住宅楼火灾蔓延规律、引发火灾的常见原因和危害后果，并结合具体火灾案例介绍火灾教训和防范经验。

经济社会的快速发展，人民生活水平日益提高以及城镇化进程加快，人口涌向城镇定居，使得各类多层和高层居民住宅楼如雨后春笋般拔地而起，住宅建筑层数也在不断增加，居民住宅火灾事故频发，给居民生活造成了财产损失和人身伤亡。

问题 1. 当前社区家庭的消防安全形势是怎样的？

近年来，随着消防工作日益得到社会各行业和部门的重视以及消防救援部门防火防控的常抓不懈，我国重特大火灾事故明显减少。例如，2019 年全国未发生特别重大火灾事故，而且重大火灾事故明显减少。2019 全年共接报火灾 23.3 万起，亡 1 335 人，伤 837 人，直接财产损失 36.12 亿元，与 2018 年同比分别下降 4%、8.7%、0.8% 和 1.9%，火灾总量没有出现波动，总体保持稳中有降的态势。然而我国的居民住宅火灾却仍然呈现高发趋势，城乡居民住宅火灾亡人占比大。

2019 年城乡居民住宅火灾虽然只占总数的 44.8%，但全年共造成 1 045 人死亡，占总数的 78.3%，远超其他场所亡人的总和。住宅火灾中，电气引发的火灾居高不下，已查明原因的火灾中有 52% 系电气原因引起，尤其是各类家用电器、电动车、电气线路等引发的火灾越来越突出，仅电动自行车引发的较大火灾就有 7 起。据统计，全国城乡电动自行车的保有量已达 2.5 亿辆，新能源车保有量达到 381 万辆，由此引发火灾的概率还将增大。同时，随着我国人口老龄化的加快，火灾亡人的老龄人口所占比重已从 2009 年的 29% 提升至 2019 年的 36.2%，远高于老龄人口占总人口 16.2% 的比重，而住宅火灾中该比例更达到 42.9%，瘫痪、残疾、精神疾病患者等群体的比重达到 44.3%（与年龄分别统计），可见，居民住宅火灾形势严峻。

问题 2. 火灾是如何发生的？怎样防和灭？

从表象来看，火灾是物品起火燃烧造成的，那么，为什么有的物品会燃烧，有的不会燃烧呢？为什么有时着火蔓延快，有时还会自行熄灭呢？这就需要从物质燃烧条件说起。

燃烧是可燃物与助燃物相互作用发生的强烈放热化学反应，通常伴有火焰、发光和（或）发烟现象。发光的气相燃烧区域就是火焰，它的存在是燃烧过程最明显的标志；由于燃烧不完全等原因，气体产物中会混有微小颗粒，这样就形成了烟。从化学反应的角度看，燃烧是一种特殊的氧化还原反应，而光和热是燃烧过程中的物理现象。

1. 燃烧条件

燃烧的发生必须具备三个基本条件，即可燃物、助燃物和引火源。

（1）可燃物（还原剂）。凡是能与空气中的氧或其他氧化剂起燃烧反应的物质，均称为可燃物。例如，氢气、乙炔、酒精、汽油、木材、纸张、塑料、橡胶、纺织纤维、硫、磷、钾、钠等。

（2）助燃物（氧化剂）。凡是与可燃物结合能导致和支持燃烧的物质，都叫作助燃物。例如，空气（氧气）、氯气、氯酸钾、高锰酸钾、过氧化钠等。一般情况下，可燃物的燃烧都是在空气中进行的。

（3）引火源。凡是能引起物质燃烧的点燃能源，统称为引火源。例如，明火、高温表面、摩擦与冲击、自然发热、化学反应热、电火花、光热射线等。

上述三个条件通常被称为燃烧三要素。但是即使具备了燃烧三要素，燃烧也不一定发生。为使燃烧发生，上述三个条件还需满足如下数量要求，并相互作用：

——一定的可燃物浓度。可燃气体或蒸气只有达到一定的浓度时才会发生燃烧。例如，氢气的浓度低于 4% 时，不能点燃；煤油在低于 20 摄氏度时，由于蒸发速率较小，接触明火也不能燃烧。

——一定的助燃物浓度或含氧量。例如，一般的可燃材料在氧含量低于 13% 的空气中无法持续燃烧。

——一定的着火能量。即能引起可燃物质燃烧的最小着火能量。

——相互作用。燃烧的三个基本条件必须相互作用，燃烧才可能发生和持续进行。

燃烧发生的必要条件可用着火三角形表示，如图 1–1a 所示。燃烧一旦发生，要使燃烧持续进行，在燃烧区域必须存在适当种类和数量的游离基（自由基）“中间体”。因此，燃烧持续进行的必要条件除了燃烧三要素外，还必须包括游离基（自由基）“中间体”。据此，燃烧的必要条件可用燃烧四面体进行描述，如图 1–1b 所示。

2. 防火基本原理

火灾是在时间或空间上失去控制的燃烧所造成的灾害。正确应用

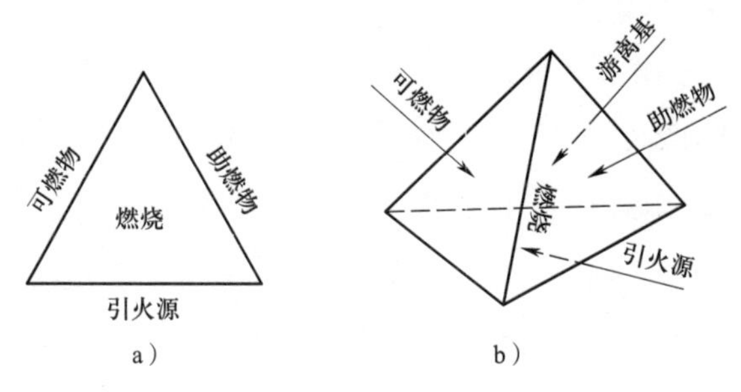

图 1–1　着火与持续燃烧的基本条件

a）着火三角形　b）燃烧四面体

燃烧条件是进行火灾预防和扑救的基础。根据着火三角形，可从下面四个方面进行火灾的预防：

（1）控制可燃物。控制可燃物包括隔离可燃物或减少可燃物。例如，居家用火、用电要清理周围可燃物；在房间装修中，尽可能用难燃或不燃材料代替易燃材料，降低可燃物数量和浓度；厨房天然气管道不能完全封闭在狭小空间里，一旦泄漏，易与空气混合形成爆炸混合气体遇引火源发生爆燃。

（2）隔绝空气。隔绝空气的本质是隔绝空气中的氧气。由于地球上空气无处不在，很难做到隔离，在工业生产涉及易燃易爆物质的生产过程，通常放置在密闭设备中进行。对有异常危险的，充入惰性介质保护，稀释氧气浓度。

（3）消除引火源。消除引火源是最常见的防火措施之一，例如，在易产生可燃性气体的场所，应采用防爆电器；在加油站禁止一切火种。

（4）防止形成新的燃烧条件，阻止火灾范围的扩大。主要是切断燃烧蔓延的条件。例如，通过设置阻火装置，阻止火焰蔓延；在车间或库房里筑防火墙，或在建筑物之间留防火间距，一旦发生火灾，使之不能形成新的燃烧条件，防止火灾范围扩大。

3. 灭火基本原理

根据燃烧四面体可以总结以下灭火的基本方法：

（1）隔离法。隔离法就是将可燃物与引火源隔离开来。如将尚未燃烧的可燃物移走，使其与正在燃烧的可燃物分开；断绝可燃物来源，燃烧区得不到足够的可燃物，燃烧就会熄火。

（2）窒息法。窒息法就是阻止助燃物（氧气、空气或其他氧化剂）进入燃烧区或用不燃物质冲淡空气，使可燃物得不到足够的氧气而熄灭的灭火方法。常用的措施有：用不燃或难燃物捂住可燃物表面；用水蒸气或惰性气体灌注着火的容器；密闭起火的建筑物的孔洞等，使燃烧区得不到足够的氧气而窒息。

（3）冷却法。冷却法就是将可燃物的温度降至着火点（燃点）以下，使燃烧停止；或者将临近着火区域的可燃物温度降低，避免形成新的燃烧条件。

（4）化学抑制法。化学抑制法采用化学灭火剂消除燃烧反应赖以持续进行的游离基（自由基）“中间体”，使燃烧终止。

问题 3. 住宅火灾发展过程分为哪几个阶段?

住宅火灾是室内火灾的一种，常常是从某种可燃物着火开始。在火源或热源的作用下，可燃物先发生阴燃或者明火，阴燃若条件合适就会转变为有焰燃烧。明火的出现标志着燃烧速率增大，室内温度迅速升高。如果有门窗等开口，烟气就会从室内流出，或者流到外界环境中，或者进入建筑物的走廊。当火足够大时，流出的热烟气可导致火灾的蔓延。室内平均温度是表征火灾燃烧强度的重要指标，常用这一温度随时间变化的情况描述室内火灾的发展过程。室内火灾可分成三个阶段：初期增长阶段、全面发展阶段和衰减阶段。在前面两个阶段之间，有一个温度急剧上升的狭窄区，通常称为轰燃区，它是火灾发展的重要转折区。以此为界，将第一阶段称为轰燃前阶段，将第二阶段称为轰燃后阶段，如图 1–2 所示。

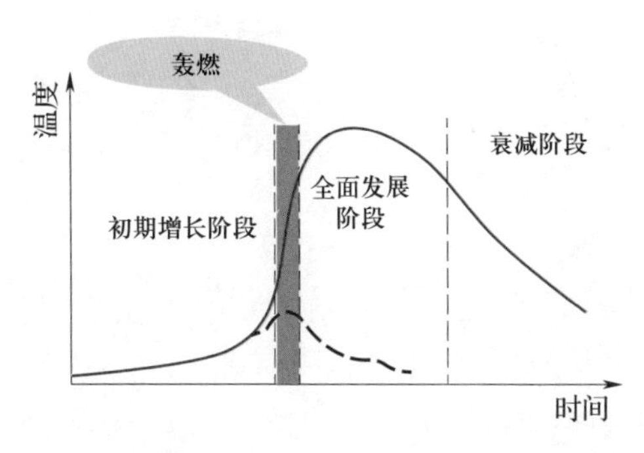

图 1–2　室内火灾发展阶段图

1. 初期增长阶段

室内发生火灾后，最初只是起火部位及其周围可燃物着火燃烧。初期增长阶段的特点是：从出现明火算起，此阶段燃烧面积较小，只局限于着火点处的可燃物燃烧，局部温度较高，室内各点的温度不平衡，其燃烧状况与敞开环境中的燃烧状况差不多。燃烧的发展大多比较缓慢，有可能形成火灾，也有可能中途自行熄灭，燃烧发展不稳定。火灾初期增长阶段持续时间的长短不定。

2. 全面发展阶段

随着燃烧时间的持续，室内的可燃物在高温的作用下，不断释放出可燃气体，当房间内温度达到 400 ~ 600 摄氏度时，便会发生轰燃。

轰燃是室内火灾最显著的特点之一，它标志着室内火灾已进入全面发展阶段。

轰燃发生后，室内可燃物出现全面燃烧，室温急剧上升，温度可达 800 ~ 1 000 摄氏度。火焰和高温烟气在火风压的作用下，会从房间的门窗、孔洞等处大量涌出，沿走廊、吊顶迅速向水平方向蔓延扩散，同时，由于烟囱效应的作用，火势会通过竖向管井、共享空间等向上层蔓延。此外，室内高温还对建筑构件产生热作用，使建筑构件的承载能力下降，可能导致建筑结构发生局部或整体倒塌。

3. 衰减阶段

在火灾全面发展阶段的后期，随着室内可燃物数量的减少，火灾燃烧速度减慢，燃烧强度减弱，温度逐渐下降，当降到其最大值的 80% 时，火灾则进入衰减阶段。随后房间温度下降显著，直到室内外温度达到平衡为止，火灾完全熄灭。

上述是室内火灾的自然发展过程。实际上，一旦室内失火，人们总是要尽力扑救的，这些人为行动可以或多或少地改变火灾的发展过程。不少火灾尚未发展到轰燃就被扑灭，这样室内便不会出现破坏性的高温。如果火是人为扑灭的，则可燃材料中的挥发份并未完全析出，可燃物周围的温度在短时间内仍比环境温度高，它容易造成可燃挥发份再度析出，一旦条件合适，被扑灭的火场又会重新发生明火燃烧，这种死灰复燃的问题不容忽视。

从上面的分析可以看出，人们最佳的逃生时间是在火灾进入到轰燃阶段以前，而这个时间段通常很短，应该只有几分钟，因此，发生火灾后，如果不可控制，要采取正确的逃生方式进行疏散。

小知识

轰燃和回燃

1. 轰燃

轰燃是室内火灾由局部火向大火的转变，转变完成后，室内所有可燃物表面都开始燃烧。轰燃现象是建筑火灾中令人关注的过渡过程，到轰燃后期，室内火区范围已相当大，如一张床或一个沙发进入全面燃烧状态，此时室内顶棚下的热气层温度非常高，使得室内大部分可燃物瞬间进入燃烧状态，整个室内在瞬间会成为一个燃烧的炉膛。

2. 回燃

在燃烧过程中，空气的进入量也有非常重要的影响，即便是门窗关闭情况下，仍会有相当多的空气漏入房间内，只要室内可燃物的数量、性质及分布适当，室内火灾就会持续下去。这种缓慢燃烧所产生的高温往往可以造成某种附加通风口，如窗玻璃破裂、木质门被烧穿等。这类通风口可以大大改善空气供应状况。在室内的缓慢燃烧中，某些外部原因也常会造成附加通风口，如突然开门时，室内突然进风往往会使其中积累的可燃挥发份与新鲜空气迅速混合，然后发生预混燃烧，于是整个室内将充满火焰。这种燃烧称为回燃，也称逆燃。它与轰燃不同，因为轰燃并不需要突然增大的空气通量。但发生回燃，如果新的通风条件可以保持下来，则室内火灾将很快发展到轰燃。

问题 4. 住宅火灾蔓延的原因是什么?

火灾的发生、发展需要一段时间，如果初期不能控制住，火势将通过门、窗、洞口等有开口缝隙的地方蔓延，造成火势的扩大。居民住宅造成火势蔓延的原因主要有以下三点。

1. 防火分隔设施有缺陷

居民住宅空间相对较小，根据火灾蔓延的规律，在这种情况下火灾由于受空间限制，蔓延速度相对较慢，因此，在一些火灾预防措施中，往往都以设置防火墙、防火卷帘等防火分隔措施来阻止火势蔓延。但是，住宅建筑消防设施和预防措施一直未得到足够重视，使得住宅公共消防设施设置滞后于公共建筑，住宅消防自防自救能力相对较弱。当然也不排除一些房产商投机经营，为图利润，降低成本，擅自降低住宅的安全标准和质量，导致了部分住宅防火分隔不健全。另外，就是一些居民对公共消防设施的保护意识不强，认为公共消防设施与自己的利益关系不大，形成了有建设、没维护的现状，造成许多消防设施损坏严重，火灾紧急时刻不能发挥作用。

2. 水平蔓延空洞多

居民住宅及多功能组合居民住宅的消防设计中，疏于外部分隔措施的设计致使火灾蔓延扩大。在大多数居民住宅火灾中，火势受房间分隔限制，在同层的蔓延趋势虽然得到了阻止，但因外部窗户和一些孔洞，而致使火灾扩大蔓延方向呈现“V”字形趋势，特别是目前施工建筑考虑到居住环境和外部造型，在落地窗等的设计方面直接缩小了上下层之间的防火间距。因此，下层一旦失火，将会通过外部门、窗、洞口直接向其他楼层蔓延，造成火势扩大。

3. 高层灭火控制难

高层住宅的多样化设计，给消防扑救工作带来了困难。住宅外观体积的庞大、外装修的封闭以及多样化的建筑外立面造型给消防灭火的登高、火场供水以及消防高空救援、内攻侦察等都带来了诸多困难，致使高层住宅一旦发生火灾，供水措施落实难，内攻侦察慢，从而导致扑救难度大，发生重特大火灾和群死群伤事故的可能性增大。

问题 5. 住宅哪些部位可能成为火灾中的“大烟囱”？

在高层建筑内发生火灾，烟气往往会顺着楼梯间、电梯间等通道与外界气流相互作用，迅速蔓延，火焰的传播速度快，人员逃生困难，严重威胁人们的生命财产安全，并且也会给消防救助带来较大困难，这就是火灾中的“烟囱效应”。

案例：烟囱效应后果严重

2010 年的 11 月 15 日，位于上海市静安区胶州路的一栋 28 层的教师公寓发生了火灾，最终造成了 58 人死亡、71 人受伤。火灾原因是大楼进行外部装修时，由微小电焊火花引燃了外部大量的尼龙网、脚手架和裸露的外保温材料，整个大楼形成立体式的燃烧只用了 6 分钟。这么快的火焰蔓延速度，除了因为存在大量可燃材料，还因为火灾的起火部位在建筑物外部的一个凹廊，这样就把火势围拢在一个三面围起的垂直维护物中，形成快速的竖向蔓延，这种现象就是烟囱效应。

2010 年 8 月 28 日，沈阳市某商业广场售楼处一楼的沙盘模型内电气线路接触不良引起火灾。沙盘燃烧后，火势在一楼迅速蔓延，并释放出大量有毒有害气体，只用了 3 分 30 秒的时间，大量烟气从建筑两侧敞开式楼梯间上升到二楼通道，并沿建筑幕墙与楼板之间的缝隙涌入二层南侧室内，二楼人员无法下到一楼逃脱，最终造成12人死亡、23人受伤。因此，只要存在高差和温差，烟囱效应就有可能发生，并造成严重的后果。

烟囱效应的发生部位是在一个垂直的维护物中，除了上述案例中提到的建筑物外部的凹廊之外，其实，在建筑物内部也有很多这样的部位，如楼梯间、电梯井，以及各种各样的管道井、空调井，这些都有可能成为贯穿大楼的竖直通道。烟囱效应一旦在这些部位形成，造成的后果非常严重，这种快速的烟气蔓延会阻碍人员疏散，据实测，热烟气传播速度可以达到每秒2 ~ 4米，在这种作用力下，几十层的大楼不到一分钟就会充满热烟气。而热烟气具有高温、毒性、刺激性、窒息性的特点，因此，火场中80%的人员死亡原因都与烟气有关。图1–3所示为一个高层建筑着火后烟气流动的示意图，起火点在建筑物的下半部分，随着起火点部位温度的升高，会产生负压，使得此处开口的新鲜空气向里流入，然后顺着向上的通道迅速蔓延，如图1–4所示。

图1–3　高层建筑着火后烟气流动的示意图

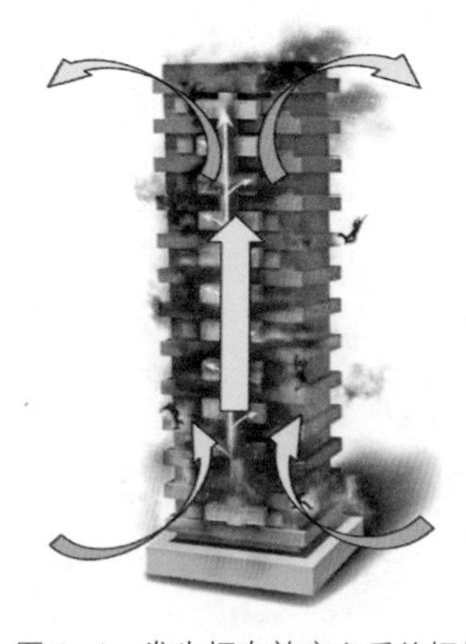

图1–4　发生烟囱效应之后的烟气流动

小知识

限制烟囱效应发生的消防技术

对于高层建筑来说，需要设置一些必要的设施来防止烟囱效应的发生，比如防烟排烟系统（见图1-5）。防烟排烟系统主要保护的是楼梯间。蓝色管道是加压送风系统，新鲜气体从外往里走，通过加压或加大送风量，保证楼梯间即使在有防火门开启的情况下，热烟气也不能顺利流入；红色管道是排烟系统，内部排烟口是设置在走廊和房间的，一旦发生火灾，热烟气就会通过这些管道，及时排出室外。通过这些设施的建立，就可以减小压差，防止烟囱效应的发生，提供一个相对安全的疏散环境。

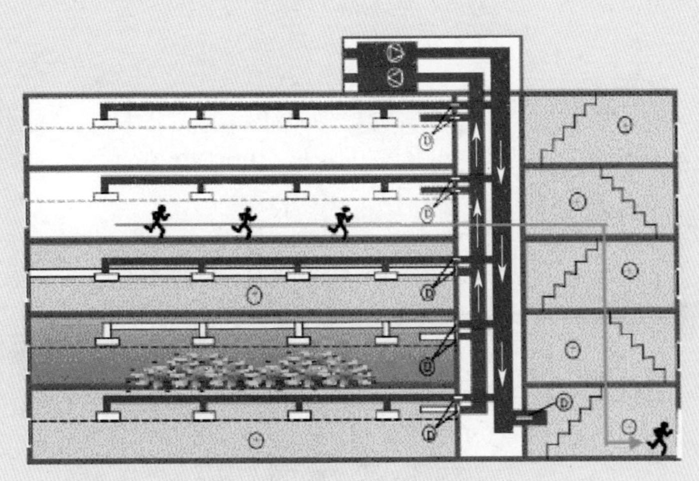

图1-5 防烟排烟系统示意图

问题 6. 火灾烟气为何会致人身亡？

据统计，火灾中 80% 的死亡人数是烟熏致死。火灾产生的烟气有很多危险性，有可能导致人员伤亡，即使幸存下来的人员，如果不及时进行心理疏导，也有可能产生对火、对密闭黑暗空间的心理阴影。

1. 缺氧、窒息

在火灾现场，由于可燃物燃烧消耗空气中的氧气，使烟气中的氧含量大大低于人们生理正常所需要的数值，从而给人体造成危害。不同的氧浓度对人体的危害见表 1–1。

表 1–1　不同的氧浓度对人体的危害

氧浓度 /%	对人体的危害情况
16 ~ 12	呼吸和脉搏加快，引起头疼
14 ~ 9	判断力下降，全身虚脱，发绀
10 ~ 6	意识不清，引起痉挛，6 ~ 8 分钟死亡
6	为 5 分钟致死浓度

二氧化碳是许多可燃物的主要燃烧产物。在空气中，二氧化碳含量过高会刺激呼吸系统，引起呼吸加快，从而产生窒息作用。表 1–2 列出了不同浓度的二氧化碳对人体的影响。

表 1–2　不同浓度的二氧化碳对人体的影响

二氧化碳浓度 /%	对人体的影响情况
1 ~ 2	有不适感
3	呼吸中枢受刺激，呼吸加快，脉搏加快，血压上升
4	头疼，晕眩，耳鸣，心悸
5	呼吸困难，30 分钟产生中毒现象
6	呼吸急促，呈困难状态
7 ~ 10	数分钟内意识不清，出现紫斑，死亡

2. 烟气的毒性、刺激性及腐蚀性

烟气中含有多种有毒和刺激性气体，这些气体的含量极易超过人们生理正常所允许的浓度，造成中毒或刺激性危害。有的产物或水溶液还具有较强的腐蚀性，会造成人体组织坏死或化学灼伤等危害。

研究表明，火灾中的死亡人员约有一半是由一氧化碳中毒引起的，另外一半则由烧伤、爆炸以及其他有毒气体引起。对火灾死亡人员进行的生理解剖表明，一氧化碳和氰化氢是主要的致死毒气。另外，火灾烟气的毒性不仅来自气体，还可来自悬浮固体颗粒或吸附于烟尘颗粒上的物质。尸检表明，大多数死者的气管和支气管中含有大量烟灰沉积物、高浓度的无机金属等。

3. 烟气的减光性

烟气通常是黑色的，主要成分是烟粒子，是物品缺氧或燃烧不完全的产物。烟粒子对可见光是不透明的，因此，在火场上弥漫的烟气会严重影响人们的视线，使人们难以寻找起火地点，辨别火势发展方向和寻找安全疏散路线。同时，烟气中有些气体对人眼有极大的刺激性，使人睁不开眼而降低能见度，延长人员在高温有毒环境中的停留时间。实验证明，室内火灾在着火后大约15分钟，烟气的浓度最大，此时人们的能见距离一般只有数十厘米。

4. 烟气的爆炸性

烟气中的不完全燃烧产物，如一氧化碳、硫化氢、氰化氢、苯、烃类等，一般都是易燃物质，而且这些物质的爆炸下限都不高，极易与空气形成爆炸性的混合气体，使火场有发生爆炸的危险。

5. 烟气的恐怖性

火灾发生后，烟气的恐怖性会使人们的逃生速度大为降低，辨别

方向的能力进一步减弱。

6. 热损伤作用

人们对高温环境的忍耐性是有限的。有关资料表明，人可短时忍受 65 摄氏度的环境；120 摄氏度的高温环境能在短时间内使人产生不可恢复的损伤；温度进一步提高，暴露者的损伤时间更短。烟气温度最高超过 1 000 摄氏度，烟气的“高温 + 毒烟”比明火火焰更具有杀伤力。

问题 7. 火灾事故如何分级?

火灾属于生产安全事故，根据《生产安全事故报告和调查处理条例》第三条规定，根据生产安全事故造成的人员伤亡或者直接经济损失，事故一般分为以下四个等级：

——特别重大事故，是指造成 30 人以上死亡，或者 100 人以上重伤（包括急性工业中毒，下同），或者 1 亿元以上直接经济损失的事故；

——重大事故，是指造成 10 人以上 30 人以下死亡，或者 50 人以上 100 人以下重伤，或者 5 000 万元以上 1 亿元以下直接经济损失的事故；

——较大事故，是指造成 3 人以上 10 人以下死亡，或者 10 人以上 50 人以下重伤，或者 1 000 万元以上 5 000 万元以下直接经济损失的事故；

——一般事故，是指造成 3 人以下死亡，或者 10 人以下重伤，或者 1 000 万元以下直接经济损失的事故。

问题8. 居民家庭的起火原因主要有哪些？

火灾频频光顾居民住宅，不仅带来经济上的损失，有时还会引起人员的伤亡，给家庭造成巨大的伤害，严重影响了正常的生活、生产秩序，甚至影响到社会的安全稳定。综合分析，火灾主要是居民家庭的高档装修，家用电器和家用交通工具的增多，液化气、煤气、天然气等现代化生活工具增多等原因造成。

1. 电气火灾

一是居民家中常用大功率电器，如烤箱、空调、电熨斗等，如果使用时无人看护，周围又有纸箱、衣服等可燃物，很容易造成火灾事故；二是开关、插座和照明灯具离可燃物太近，未采取隔热、散热等防护保护措施；三是居民未按照产品说明书进行操作使用电气设备，造成故障，并长期在故障状态下使用；四是部分家用电器属于假冒伪劣产品，缺少安全保护装置，在使用过程中极易发生短路等问题引发火灾。

案例：电气线路故障致居民楼火灾

2016年4月18日2时24分，上海市黄浦区东街某老式居民住宅楼因电气线路故障引发火灾，过火面积约200平方米，造成四至六层违章建筑坍塌，4 人死亡。

2. 燃气火灾

一是年龄大的居民尤其是孤寡、残疾老人等行动能力不便，又不会正确使用燃气灶具；二是部分燃气管道、灶具质量不过关，长时间使用后故障较多，容易发生燃气泄漏；三是液化石油气钢瓶“超期服役”，皮管、阀门、瓶体等部位可能有裂缝造成燃气泄漏。

案例：燃气爆燃震动邻舍

2016 年 11 月 20 日 7 时 52 分，上海市浦东新区临沂五村某室发生燃气爆燃，周围十余户人家的玻璃均被震碎，居住在该室内的两名租客则因烧伤被送医救治。

3. 用火不慎

一是吸烟，尤其是居民卧床吸烟，烟头掉落在周边纸张、衣服等可燃物上，引发火灾；二是居民点燃蜡烛、蚊香，因疏忽大意，不慎引燃可燃物；三是违章在家中进行电焊、气焊等。

案例：酒后吸烟致火灾

2017 年 2 月 15 日，上海市徐汇区东安二村某民宅因居民酒后卧床吸烟发生火灾，因扑救及时，只造成一人轻伤。

4. 玩火

一是未成年人玩火，未成年人因年龄小，安全意识、法制意识和自控能力较差，一旦玩火易引发火灾；二是燃放烟花爆竹，虽然部分城市禁止燃放烟花爆竹，但还是有个别居民在传统节日、婚丧嫁娶时燃放烟花爆竹，一旦防护措施不到位，易引发火灾。

案例：儿童玩火致火灾

2013 年 11 月 30 日，上海市彭浦新村某民宅发生火灾，整个房间一片狼藉，家具、物品都付之一炬，女房主介绍，是7岁的女儿在棉被上玩火才导致事故的发生。

5. 放火

近年来居民邻里之间因矛盾激发，为泄私愤采取放火的案件逐年增多。预防、减少放火案件，就要保持对防火犯罪的高度警惕，积极疏导化解矛盾纠纷，进一步加强法制宣传教育，提高人民群众的防范意识和法律意识。

此外，建筑外墙采用易燃可燃保温材料、家庭装潢材料选择不当、住宅楼消防设施年久失修、灭火器材严重缺失、不正确使用或存放化学危险品、物业管理不到位、居民防火意识薄弱等情况，也是造成居民住宅发生火灾的原因。

问题9. 居家生活中哪些物品可能成为引火源?

引火源是燃烧的必要条件。在一定条件下，各种不同可燃物发生燃烧，均有本身固定的最小点火能量要求。

1. 明火

生活中的炉火、烛火、打火机火焰、吸烟火，撞击、摩擦打火等。

2. 电弧、电火花

电弧、电火花是指电气设备、电气线路、电气开关及其漏电打火，电话、手机等通信工具火花，静电火花（物体静电放电、人体衣物静电打火、人体积聚静电对物体放电打火）等。如天然气泄漏后，不可以打手机、开灯等，否则有可能产生电火花引燃可燃气体。

3. 雷击

雷击瞬间高压放电可引燃可燃物。

4. 高温

高温包括高温加热、烘烤、积热不散、机械设备故障发热、摩擦发热、聚焦发热等。如家里的电褥子、电暖气、电熨斗等发热电器，在使用过程中应注意与可燃物保持安全距离，避免长时间高温。

5. 自燃引火源

自燃引火源是指在既无明火又无外来热源的情况下，本身自行发热、燃烧起火的物质，如白磷、烷基铝在空气中会自行起火；钾、钠等金属遇水着火；易燃、可燃物质与氧化剂、过氧化物接触起火等。这些化学物质一般会在实验室中使用，家庭住宅中并不常见。

问题 10. 居民家庭常见的火灾隐患有哪些?

大多数居民知道火灾隐患，但存有侥幸心理。有时只注重住宅防盗而忽视防火，注重实用而忽视消防，如把阳台作为杂物仓库、把楼道当成电动车停车地、在消防车道上停放私家车等行为无时不在发生，烧水、炖煮时离开厨房，出门不关闭电器电源等，居民思想防线上的小漏洞，往往导致大火的发生。

火灾隐患主要体现在以下四个方面：

1. 电气故障和生活用火是致灾主因

一方面，随着各种家用电器不断进入居民家庭，在老式民宅、群租房里电气线路老化、私拉乱接、使用大功率电器、旧电器“超期服役”等问题尤为突出。另一方面，日常生活中，人们几乎天天都要与火打交道。诸如烧饭、做菜、照明、取暖、吸烟、驱蚊、奠祭等的用火不慎，也是引发火灾的重要因素。

2. 消防设施缺损且维保不力

由于早期规划不到位，部分老旧社区和棚户区城中村房屋结构差、连片集聚，内部消防设施缺失、消防水源缺乏。近年来，政府持续开展老旧小区和棚户区城中村消防改造，部分区域虽已增配消防设施，但因居民消防意识不强、操作规范不当、维修基金续筹困难以及物业消防管理不到位等因素，致使一些消防设施长期处于故障状态。

3. 消防车道严重堵塞

一方面，存在私家车和电动自行车占据消防车道妨碍消防救援。另一方面，物业公司为了方便管理，在小区门口和通道上设置铁门、栏杆或水泥墩等障碍物，影响消防车通行。

4. 群众消防安全意识淡薄

近年来，消防部门和社会新闻媒体在消防宣传方面做了大量的工作，广大人民群众的消防安全意识有所增强，但由于受财力、物力、人力等因素的制约，群众消防安全知识的普及还远远不够，居民基本防火、灭火知识相对匮乏。

问题 11. 居民住宅电气火灾是怎样发生的?

2019 年全国城乡居民住宅火灾有 52% 是电气原因引起，尤其是各类家用电器、电动车、电气线路等引发的火灾问题越来越突出。

1. 漏电火灾

所谓漏电，就是线路的某一个地方因为某种原因（自然原因或人为原因，如风吹雨打、潮湿、高温、碰压、划破、摩擦、腐蚀等）使电线的绝缘或支架材料的绝缘能力下降，导致电线与电线之间（通过损坏的绝缘、支架等）、导线与大地之间（电线通过水泥墙壁的钢筋、马口铁皮等）有一部分电流通过，这种现象就是漏电。

当漏电发生时，漏泄的电流在流入大地途中，如遇电阻较大的部位时，会产生局部高温，致使附近的可燃物着火，从而引起火灾。此外，在漏电点产生的漏电火花，同样也会引起火灾。

2. 短路火灾

电气线路中的裸导线或绝缘导线的绝缘体破损后，火线与零线或火线与地线（包括接地从属于大地）在某一点碰在一起，引起电流突然大幅增大的现象就叫短路，俗称碰线、混线或连电。

由于短路时电阻突然减小，电流突然增大，其瞬间的发热量也很大，大大超过了线路正常工作时的发热量，并在短路点易产生强烈的火花和电弧，不仅能使绝缘层迅速燃烧，而且能使金属熔化，引起附近的易燃可燃物燃烧，造成火灾。

3. 过负荷火灾

所谓过负荷是指当导线中通过电流量超过了安全载流量时，导线的温度不断升高，这种现象就叫导线过负荷。

导线过负荷时，加快了导线绝缘层老化变质。当严重过负荷时，导线的温度会不断升高，甚至会引起导线的绝缘层发生燃烧，并能引燃导线附近的可燃物，从而造成火灾。

4. 接触电阻过大火灾

众所周知，凡是导线与导线、导线与开关、熔断器、仪表、电气设备等连接的地方都有接头，在接头的接触面上形成的电阻称为接触电阻。当有电流通过接头时会发热，这是正常现象。如果接头处理良好，接触电阻不大，则接头点的发热就很少，可以保持正常温度。如果接头中有杂质、连接不牢靠或其他原因使接头接触不良，造成接触部位的局部电阻过大，当电流通过接头时，就会在此处产生大量的热，形成高温，这种现象就是接触电阻过大。

在有较大电流通过的电气线路上，如果在某处出现接触电阻过大这种现象时，就会在接触电阻过大的局部范围内产生极大的热量，使金属变色甚至熔化，引起导线的绝缘层发生燃烧，并引燃附近的可燃物或导线上积落的粉尘、纤维等，从而造成火灾。

因此，不能因为家里用电设备少，就忽视电气火灾存在的可能性，使用不合格用电设备，或者用电设备维护不当，否则都有可能会引发火灾。

小知识

电气火灾一般是指由于电气线路、用电设备以及供配电设备等出现故障释放的热能引起的火灾，如高温、电弧、电火花以及非故障性释放的能量，又如电热器具的炽热表面在具备燃烧条件下引燃本体或其他可燃物而造成的火灾，也包括由雷电和静电引起的火灾。

问题 12. 为什么不能卧床吸烟?

烟头的表面温度虽然看起来不是很高，但是也有 200 ~ 300 摄氏度，而中心温度可以达到 600 ~ 700 摄氏度，即使是快熄灭的烟头，温度仍然很高，如果掉落到棉被等可燃物上，有可能会引发火灾。据统计，在住宅火灾中因吸烟引起的火灾占到 1/3。

烟头着火是一种阴燃现象，传播可分为四个区域，如图 1–6 所示。

图 1–6　香烟阴燃示意图

未燃区。在该区物质保持原始状态，没有发生反应。

热分解区。在该区内温度急剧上升，并且从原始可燃物中挥发出烟。相同的可燃物，在阴燃中产生的烟与在有焰燃烧中产生的烟大不相同，因阴燃通常不发生明显的氧化，其烟中含有可燃性气体，冷凝成悬浮粒子的高沸点液体和焦油等，所以它是可燃的。在密闭的空间内，阴燃烟的聚集能形成可燃性混合气体。曾发生过由于乳胶垫阴燃而导致的烟雾爆炸事故。

炭化区。在该区中，炭的表面发生氧化并放热，温度升高到最大值。在静止空气中，纤维素材料阴燃在这个区域的典型温度为 600 ~ 750 摄氏度。该区产生的热量一部分通过传导进入原始材料，使其温度上升并发生热分解，热分解产物和部分阴燃产物逸出后就剩下炭（灰）。对于大多数有机可燃物，完成这种分解、炭化过程，要求温度大于 250 ~ 300 摄氏度。

残余灰/炭区。在该区中，灼热燃烧不再进行，温度缓慢下降。

小知识

阴燃的效应

1. 阴燃是什么

阴燃是指某些固体物质无可见光的缓慢燃烧，通常产生烟和伴有温度升高的现象。阴燃现象的发生需要一定的条件，如固体物质处于空气不流通的情况下，固体堆垛内部的阴燃，或者处于密封性较好的室内的固体阴燃。但也有暴露于外加热流的固体粉尘层表面上发生阴燃的情况。无论哪种情况，阴燃的发生都要求有一个供热强度适宜的热源。因为供热强度过小，固体无法着火；供热强度过大，固体将发生有焰燃烧。

2. 阴燃的危险

阴燃之所以危险，一个重要的原因是阴燃可以向有焰燃烧转变。许多研究表明，有利于阴燃的因素也都有利于阴燃向有焰燃烧的转变。例如，空气流动比空气静止更有利于这种转变；向上传播的阴燃比向下传播的阴燃更容易向有焰燃烧转变；有外加热源的阴燃比仅自热的阴燃更容易向有焰燃烧转变；棉花等松软、细微的可燃物的阴燃容易转变为有焰燃烧等。概括地讲，阴燃向有焰燃烧的转变主要有以下几种情形：

——阴燃从可燃物堆垛内部传播到外部时转变为有焰燃烧。

在可燃物堆垛内部，由于缺氧，只能发生阴燃。但只要阴燃不中断传播，它终将发展到堆垛外部，由于不再缺氧而且内部有了足够的能量，就很可能转变为有焰燃烧。这一转变过程需要一定的时间延迟，即阴燃发生一段时间，有足够的热量使可燃物发生热分解，炭化区的温度升高到挥发份/空气混合物的燃点以上。

——加热温度提高，阴燃转变为有焰燃烧。

阴燃着的固体可燃物受到外界热量的作用时，随着加热温度的提高，区域内挥发份的释放速率加快。当这一速率超过某个临界值后，阴燃就会发展为有焰燃烧。这种转变也能在可燃物堆垛内部发生。

——密闭空间内可燃物的阴燃转变为有焰燃烧（甚至轰燃）。

在密闭的空间内，因供氧不足，其中的固体可燃物发生阴燃，生成大量的不完全燃烧产物充满整个空间。这时，如果突然打开空间的某些部位，因新鲜空气进入，在空间内形成可燃性混合气体，进而发生有焰燃烧，也有可能导致轰燃。这种阴燃向轰燃的突发性转变是非常危险的。

问题 13. 高层住宅消防车道被堵塞可能产生什么后果？

《中华人民共和国消防法》(以下简称《消防法》)第二十八条规定，任何单位、个人不得损坏、挪用或者擅自拆除、停用消防设施、器材，不得埋压、圈占、遮挡消火栓或者占用防火间距，不得占用、堵塞、封闭疏散通道、安全出口、消防车道。那如果消防车道被堵，会有什么后果呢？

2019 年 12 月 30 日清晨，重庆涪陵区踏水桥小区居民楼发生大火，消防车道被堵，消防救援无法及时开展，事故造成 6 人死亡。这场高楼大火悲剧的主要原因是平时车辆乱停乱放，屡次治理，仍不见效，导致从大道进入失火小区的两条通道受阻。而楼内消防栓储水不够，没能起到一定作用也是悲剧发生的原因之一。

对火灾中的罹难者而言，堵塞消防车道的每一辆车，都在加快他们生命的流逝。相关统计显示，全国重大人员伤亡的火灾事故中，80% 以上有消防车道堵塞情况；近 10 年的群死群伤火灾中，约半数是因为消防车道阻塞，使火情不能在第一时间得到控制。这些数据，足以警示占用消防车道的可怕后果。

问题 14. 防盗门、防盗窗在火灾中扮演了什么角色?

防盗门、防盗窗能保证人们的日常安全，但是发生火灾时，也增加了疏散的难度。

防盗门内填充物为蜂窝纸，不耐高温，火灾下内部会发生燃烧，导致锁体损坏，一旦损坏，防盗门就无法再开启。另外高温下门的整体变形，也使得即使锁能正常打开，门与门框的挤压也使门无法正常开启。因此，如果选择从门疏散，应在火灾初期；如果室内温度较高，火势已经到达全面发展阶段，则很难打开防盗门进行逃生。这时，由于阳台处有很好通风，因此，为了避免高温及热烟气，很多人选择在阳台等待救援，然而，防盗窗的存在又使很多人失去了逃生的机会。

因此，安装防盗窗时要“网开一面”，为了安全，也可以在防盗窗上加装安全门，如图 1–7 所示。

图 1–7　装安全门的防盗窗示意图

安全门是在防盗窗上开的一个约一米高、七八十厘米宽的小窗口，在内侧加装锁扣后，平时用锁锁起来，遇到危险时可以方便打开或者直接拆除的装置，以进行逃生自救。因此，如果家中还装有全封闭老式防盗窗，请及时进行改装，加设安全门，这样当发生火灾时，能为家人多创造出一条逃生通道。

案例：防盗门、防盗窗成为逃生障碍

2013年12月11日凌晨，济南市一小区6号楼一住户发生火灾，造成房屋内一家四口被困后不幸身亡，而家用防盗门经过高温炙烤后无法打开，是造成室内人员被困的主要原因。

2019年6月19日，广州市一民宅发生火灾。起火建筑为6层民房，钢筋混凝土结构，着火部位为六楼。大火吞噬房屋时，3个人躲在了窗户的防护栏上，最终造成1死2伤。

问题15. 用火不慎引发的居民家庭火灾有哪些教训?

家庭生活的许多环节都离不开火的使用，用火不慎引起的火灾主要有以下三个方面：

1. 做饭用火不慎

厨房一般面积小，物品密集，用火频繁，易发生火灾事故。如用油炸食物时，油过多溢出或锅不稳使油溢出，遇明火燃烧；炒菜时，人离开导致食物被烤焦并被引燃；当液化气罐离灶太近且与灶无隔离物时还有可能引燃液化气罐罐口。

2. 吸烟不慎

烟头的烟灰被弹落时，有一部分不规则颗粒带有火星，若落在比较干燥、疏松的可燃物上，经1 ~ 3个小时的阴燃可引起火灾。躺在床上、沙发上吸烟时，人在烟未灭之前睡着，则容易使烟头落在床上或沙发上，最终导致火灾及人员伤亡。

3. 取暖不慎

火盆长期固定在木架上，导致木架周边及底部被烤焦、炭化而起火，引燃邻近可燃物而造成火灾；另外在冬天有些老年人喜欢将烘笼放进被褥取暖，由于长时间烘烤或烘笼被打翻，被褥被引燃发生火灾，往往造成人员伤亡。

案例：小电器致火同样危害大

2018年10月11日20时28分许，达川区万达路368号花涧林小区一住户发生火灾，过火面积约12平方米，直接财产损失约为29 000元。火灾原因为住户在使用吹风机后，吹风机一直处于开启状态，造成周围沙发受热温度过高而起火。

问题16. 商铺门面房有哪些火灾风险?

为了满足居民日常生活需求和增加物业管理的收入，很多住宅小区内部或临街侧设置店面，多为服装店、快餐店、超市、药店等，这些店铺火灾时有发生，轻则烧毁店内物品，重则造成人员伤亡或是殃及邻里，消防安全问题不容忽视。

住宅社区的商铺门面房是设置在建筑的首层或首层及二层的小型商业用房。大多数开发商将商铺建好后再以买断房屋产权的形式卖给个人自营或转租，这使得各个经营者们有充分自由使用权，在使用性质、布局、经营产品种类、装潢装修等方面缺乏有效监管。由于其数量多，分布密集，且主要以经营小吃、日杂百货、服装等可燃易燃物品为主，消防安全检查难以全面覆盖，造成的火灾隐患不容忽视。

1. 设置不够合理

有的商铺是用商品房改建而成，与住宅楼共用疏散通道和安全出口；有的商铺是大商场分建而成，表面上是隔离开的，实际上内里的门、窗、洞口等与毗邻的房间并没有完全分隔；有的商铺擅自扩大面积，自建夹层；有的商铺就设在建筑物的疏散通道上，严重阻碍了紧急情况下的疏散逃生，埋下了严重的火灾隐患。

2. “三合一”现象突出

一些经营者因为利益驱使，想方设法增加使用面积，扩展使用功能，甚至改变使用性质。经过擅自改建和再设置后，商铺就演变成“前店后库夹层住人”的典型的“三合一”建筑。

3. 室内装修不安全

大多数商铺都由店主自行装修装潢，且大多没经过当地消防部门审核。有的室内装修吊顶采用三合板或塑料扣板，墙面采用泡沫软包，夹层采用木料、层板装修，大多未进行任何阻燃处理。一旦发生火灾，容易迅速蔓延，上下贯通，形成立体燃烧，很难进行扑救。

4. 用火用电用气不规范

电线私拉乱接多，空调、电灯、电热器、霓虹灯、广告牌等线路布置零乱；线路防火措施少，线路没有穿金属管或阻燃的 PVC 管，接线处没有设接线盒，配电箱使用了木质结构；用火用气不规范，无证擅自焊接动火，在可燃物品旁使用蜂窝煤、液化石油气、蜡烛和蚊香等。

5. 消防安全意识薄弱

大多数商铺业主只重视经济效益，忽视消防安全，不注意学习防火自救措施，自恃商铺为钢筋混凝土材料建筑且楼层较低，不易发生火灾，擅自拆除建筑消防设施、随意破坏消防器材。

案例：商铺门面房火灾高发

2019 年 1 月 1 日上午 6 时许，贵州省毕节市金沙县沙土镇振兴社区某养生店发生火灾，共造成5人死亡。

2019年3月3日晚上10点，贵州省遵义市正安县某烧烤店失火，由于店内及相邻店铺均未配备灭火器，店内疏散楼梯、厨房、防火分隔设置不合规，装修材料不合规，使得二楼人员无法安全撤离，最终导致7人遇难（1人为烧烤店老板）。

2019年3月8日凌晨2时许，上海市闵行区莘朱路上一沿街商铺发生火灾。该起火灾造成房间内人员1死1伤。据了解，火灾发生在一家经营非机动车维修的沿街商铺。

2019年8月9日中午12时34分许，广东省深圳市布吉罗岗社区一汽车轮胎店突发火灾，过火面积约100平方米，造成4人死亡（2个大人、2个小孩）。

2019年10月31日凌晨1时许，广东省湛江市坡头区官渡镇广湛路南一家二层五金店发生火灾事件，该店第一层起火，过火面积约60平方米，事故造成4人死亡。

以上事故，大多发生在夜间，且死亡人数较多，明显存在违规住人“三合一”[①]、用电不规范、电动车违规充电等现象。

问题17. 建筑外墙保温材料是火灾罪魁祸首吗?

为了温暖度过寒冷的冬天，如今许多建筑都会在外墙设置保温层，但很多时候，也恰恰是这层保温层，保住了温暖，却没能保住安全。

案例：建筑外墙保温材料火灾危害

2019年12月2日晚9时许，辽宁省沈阳市浑南新区某住宅区发生

① 建筑“三合一”场所是指住宿与生产、仓储、经营一种或一种以上使用功能违章混合设置在同一空间内的建筑。

火灾，系外墙保温材料起火，起火建筑共25层，起火部位为五楼及以上外墙。事故无人员伤亡，但着火楼一侧已呈黑色。

2019年5月24日，江苏省南京市秦淮区汉中路某商务楼楼顶失火，据了解，起火部位为商场九楼一正在装修改造的酒店，主要燃烧物质为外墙保温材料，事故未造成人员伤亡。

2010年11月15日14时，上海胶州路一高层公寓发生火灾，短短4分钟，大火迅速蔓延整座大楼，这场火灾导致58人遇难、70多人受伤，经济损失达数亿元。火灾发生时，这座公寓外立面上大量易燃的保温材料，正是造成火势迅速蔓延的重要原因之一。

1. 外墙保温材料的火灾隐患

外墙保温层为何总成为火灾起源或“助力”？原因有三：

——聚氨酯泡沫、聚苯乙烯泡沫等外墙保温材料属易燃材料，极易被引燃。

——材料燃烧速度快，热释放量大、蔓延迅速，短时间易形成建筑内外连通、大面积立体火灾，扑救难度大。

——燃烧产物毒性大，对人身安全危害大。

2. 外墙保温层的安全使用

据人民网报道，国内常用的建筑外墙保温材料包括硅酸盐保温材料、胶粉聚苯颗粒、钢丝网加水泥泡沫板、挤塑板、YT无机活性墙体保温材料，这些材料常由聚苯乙烯泡沫、聚氨酯、橡塑海绵、聚乙烯等原料制成。以上这些保温材料如果都是选取优良品质的原料制作，安全隐患就比较小。

最近几年国家针对外墙保温材料的各种标准规范修订逐步升级，例如，《建筑设计防火规范》《促进绿色建材生产和应用行动方案》等，都对建材的阻燃性、环保性做出了要求。其中，《建筑设计防火规范》第6.7.1条规定，建筑的内、外保温系统，宜采用燃烧性能为A级（即不燃性）的保温材料，不宜采用B_2级保温材料，严禁采用B_3级保温材料。B_3级保温材料正是属于易燃材料，B_2级保温材料虽然是普通可燃材料，但如果要使用，还需采取严格的构造措施进行保护。

问题18. 如何避免频繁发生的居民楼电动车火灾？

据统计，2019年全国城乡电动自行车的保有量已达2.5亿辆，新能源车保有量达到381万辆，由此引发火灾的概率增大。电动车在给大家带来交通便利的同时，也带来了不可忽视的交通安全隐患。那么如何有效地避免频繁发生的电动车火灾呢？

案例：电动车火灾

数据显示，有80%的电动车火灾是在充电时发生的，而电动车火灾致人员伤亡的，90%是因将其置于门厅或过道。

2019年10月1日4时许，广东省汕尾市海丰县城东镇一住宅楼发生火灾，着火面积约10平方米，造成5人死亡。起火建筑为7层居民楼，钢筋混凝土结构，占地面积约90平方米，建筑面积约600平方米。经现场调查，起火部位为一楼楼梯间，初步认定起火原因为楼梯间内违规停放的电动自行车故障起火引发火灾。

（1）正确规范的使用行为是避免电动车火灾的关键，应在正规充电处充电，不在楼梯间、过道或者房间等处充电。按规定停放电动车，即使电动车不是在充电状态，但停放在楼道内也很危险。对于停放在小区地下车库的电动车，停放和充电也有要求，比如电动车和小汽车要分区域停放，充电线路也不能裸露在外。

（2）要定期检查电动车，定期更换电瓶。建议每半年至一年到维修点做一次检查。电动自行车普通电瓶的使用年限为 1.5 ~ 2.5 年，注意定期更换。

问题 19. 住宅区的“三合一”场所有哪些火灾隐患？应如何应对？

改革开放以来，随着个体私营经济的快速发展和市场经济的不断繁荣，在大众创业、万众创新的今天，出现了大量利用居民住宅作为办公室、生产加工车间或住宅区白天营业、晚间住人的场所。这类集人员住宿与加工、生产、仓储、经营等在同一建筑空间内混合设置又没有有效的防火分隔的场所在消防上称为“三合一”场所。

1. 住宅区“三合一”场所火灾危害

从消防角度看，“三合一”场所的火灾危险性主要有场所耐火等级低，生产原材料杂乱堆放，安全出口少，从业人员自防自救技能差，无消防设施和消防车道等问题，一旦发生火灾，往往因火势蔓延迅速、人员顾及家庭财物，难以成功逃生，导致小火亡人。

（1）火灾燃烧迅猛，烟气浓，高温高毒。由于室内可燃物品较多且堆积分布杂乱，火灾荷载密度较高，发生火灾时火焰燃烧猛烈，在相对密闭的空间内温度会急剧升高。火灾中产生大量有毒烟雾久聚不散，产生的一氧化碳等有毒物质不但有窒息的作用，还对人的眼睛产生强烈刺激作用，损伤人的中枢神经，使得受困人员很快丧失行动本领。火灾中死亡的人员 80% 以上是由于吸入烟气致死的。

（2）威胁到住宅安全。人员住宿部分与商业部分直接毗邻，发生火灾，高温有毒烟气会迅速蔓延至整个商铺，如果住宿部分与商业部分防火分隔不达标，烟气按照水平平均流速 0.3 ~ 0.8 米每秒、垂直向上流速 3 ~ 4 米每秒的速度扩散，有毒烟气就会迅速威胁到住宅部分楼层。

2. 住宅区“三合一”场所的突出火灾隐患

（1）经营、储存与住宿场所无防火分隔，建筑及装修材料耐火等级低。大部分“三合一”场所多为住宅、出租屋改变用途，有的还是违章搭建的临时建筑。建筑内部装修、生产功能分区和住人房间的布置都由经营者自行安排，随意性极大，消防安全管理十分混乱。有些作坊隐蔽在 2 ~ 6 层的住宅楼内，场所内设置厨房、住宿，场所内作业人员密集、可燃物多。

（2）疏散逃生条件差。住宅内的“三合一”场所大多只有一部楼梯，安全出口被封闭、疏散通道被占用，窗户上还安装防盗铁窗、铁栅栏。甚至还可能为节约成本，将地下室改造成加工车间和宿舍，疏散安全出口严重不足。

（3）消防设施配置缺乏。“三合一”场所大多没有防火防烟分区、火灾自动报警系统和固定灭火设施，没有应急照明灯、安全疏散指示标志，没有室内消火栓和灭火器，如果发生火灾将难以扑救，逃生疏散和营救困难。

（4）防火间距不足。开展生产加工的城镇中有成片区的区域性“三合一”场所，建筑密集、间距狭小，给火灾扑救带来困难，还有一些密密麻麻的家庭作坊聚集于租金低廉的“城中村”，私搭乱建严重，发生火灾时消防车辆也难以进入，造成救火难度增大。

（5）居住人员密集，堆放货物杂乱。无论是家庭作坊自己居住，还是外来务工的员工住宿，这些场所普遍集经营、储存、食宿于一体，人员密集、拥挤混乱、电线乱拉乱接、大功率耗电设备超负荷使用、仓库堆放货物杂乱不堪。

（6）经营者和员工消防安全意识淡薄。经营者为了经济利益，不顾员工生命安全，舍不得消防设施投入，对发生火灾存在侥幸心理，一旦发生事故，没有能力及时发现并控制。加之员工文化素质低，对消防安全没有任何概念，只要能挣钱就足够，认为老板是否保证消防安全与他无关，这些导致自身身处危险而不自知，发生险情不知如何处置和正确逃生。

3. 住宅区“三合一”场所的消防安全要求

“三合一”的合用场所火灾隐患日益突出，重特大火灾事故时有发生，给人民生命财产造成了严重损失，已成为影响火灾形势稳定的突出问题。因此，我国出台了《住宿与生产储存经营合用场所消防安全技术要求》对“三合一”场所的可经营范围和设置要求作了具体规定。

（1）居民住宅内严禁从事易燃易爆等火灾危险性较大原材料的生产、储存、经营。

（2）以下建筑不适宜设置“三合一”场所：

——建筑耐火等级为三级及三级以下的建筑；

——厂房和仓库；

——地下建筑；

——面积大于 2 500 平方米的商场、市场等公共建筑。

（3）“三合一”场所的安全技术要求。用于居住的民用建筑，无论人员密度还是涉及物质的火灾危险性方面，相较于用于从事生产、储存、经营等活动的公共建筑、厂房和仓库而言，火灾危险性相对小，消防安全措施要求较低。在居住场所从事生产经营活动，直接导致增加了火灾危险性，消防安全条件与新的使用性质不相适应。因此，为了有效防范“三合一”场所的火灾事故发生，该类场所所在建筑需要设置有效的防火分隔、独立的安全疏散以及火灾自动报警系统、灭火器、消防卷盘、简易喷淋系统等消防设施，保证居住场所人员的安全。

案例：住宅区“三合一”场所火灾酿悲剧

2017 年 11 月 18 日 18 时 15 分，大兴区西红门某 2 层民房发生火灾，21 时许，明火被扑灭。火灾共造成 19 人死亡、8 人受伤。该建筑地下一层为冷冻仓库，地上一层为门面房、小企业、小作坊，地上二层为出租公寓，这是一个典型的生产、储存、居住三合一场所。火灾发生的起火部位系地下一层冷库，电气线路故障导致保温材料聚氨酯泡沫引燃，起火后，烟火沿着电梯井迅速攀升，侵入租户家里，浓烟滚滚，窗户也装有防盗网无法从窗户逃生，致悲剧酿成。

小知识

“三合一”场所的常见类型

住宿与生产、储存、经营合用场所，俗称“三合一”场所。该类场所集住宿与生产、储存、经营等一种或几种用途混合设置在同一连通空间内。常见的城镇住宅区的“三合一”场所按使用性质不同，分为三种类型：

——家庭作坊式，是指将员工集体住宿场所与小型生产加工、修理或可燃物品仓库混合设置且未采取必要防火分隔的住宅建筑。

——商业类“三合一”场所，是指将商业经营与员工集体住宿混用且未采取必要防火分隔的民用建筑，包含在住宅建筑内进行商业经营活动或在商业经营用房内同时容留人员住宿两种情况。

——餐饮娱乐类“三合一”场所，是指员工集体住宿场所设置在餐饮及文化娱乐场所内，且未采取必要的防火分隔的建筑。

问题20. 群租房有哪些火灾危险？应如何应对？

房价畸高、较低的工资收入及其他各种购房限制条件，让大、中城市外来人口对购房望而生畏，庞大的承租需求及利益的驱使促使出租人采用简易木板等轻装建材将房屋分割为小间，甚至分上下床位对外出租，被形象地称为群租屋和胶囊旅馆。殊不知，这样的居民住宅在消防上的使用性质发生了变化，居住者不但要承受居住环境的拥挤和嘈杂，还要面临增大的火灾风险。

1. 群租屋常见火灾隐患

追溯多起群租屋火灾发现，造成火灾和人员伤亡的主要原因有以下几点：

（1）使用可燃、易燃材料进行分隔和装修。防火分隔材料多易燃可燃，一方面会使火灾荷载增加，发生火灾的概率上升；另一方面，一旦发生火灾，产生的大量有毒烟气很容易引发人员窒息死亡。

（2）私拉乱接电线普遍存在。居民住宅内的电路设计是按照常规一户居民住户的标准来设计的，而群租房内一套房子住四五家甚至更多住户。为了方便计算电费，需要分别安装电表，一是私接电线多为明线，安装不规范；二是用电量大，容易造成电线超负载，导致火灾发生。

（3）设置液化气钢瓶。群租房往往通过隔断，改变房屋的使用功能，对水、电、气、热设施影响较大。部分群租房在每个房间都装厨卫，更有甚者还会私自改建燃气管道。

（4）居住人口密度过大，疏散通道堵塞。出租屋内人员多，居室面积小、杂物较多、东西乱摆乱放，堵塞安全疏散出口和疏散楼梯，且出租屋原防火通道无法满足如此高密度人群的疏散，火灾危险性增加，一旦有其中一户发生火灾，将会直接蔓延至同室的其他住户，且造成逃生困难。

2. 群租屋消防治理

群租房已成为城市经济发展中平安社区建设中不和谐的因素，各地基于多部门联合整治，主要围绕突出的火灾隐患问题制定了消防治理对策。

（1）平面布置及防火分隔：

——居住出租房屋不得设置在地下建筑、泡沫夹芯彩钢板搭建建筑、木结构建筑、违反规定改变房屋使用性质的建筑、储存易燃易爆危化品场所以及相关法律法规不允许设置居住出租房的建筑内。

——居住出租房屋原自然间不得分隔，厨房、卫生间、阳台和地下储藏室不得供人员居住。

——居住出租房的内部隔墙应当采用不燃材料并砌筑至楼板底部。

（2）安全疏散：

——应以原设计为居住空间的房间为最小出租单元，人均使用面积不得少于 10 平方米，每个房间居住人数不得超过 4 个成年人。

——层数为 3 层以上的建筑作为出租房使用，不得采用木楼梯或者未经防火保护处理的室内金属楼梯，应设置为封闭楼梯间，疏散楼梯宜通向屋顶平台。

——多层建筑内公共走道和疏散楼梯应设置消防应急照明，长度超过 20 米的室内疏散走道应设置灯光疏散指示标志。

——设置在多层建筑内的居住出租房的公共疏散走道应满足自然采光通风的要求，开窗形式便于火灾扑救及人员逃生，窗口净面积不小于 1 平方米。出租房各居室宜均设置外窗。

（3）消防设施：

——居住出租房应按照每个自然间不少于 1 具的标准配备灭火器；灭火器应选用 3 千克以上的 ABC（磷酸铵盐）干粉灭火器，并放置在易于取用的部位。

——群租房屋所属建筑内原设有自动喷水灭火系统和火灾自动报警系统的，应将系统延伸至群租房屋每个自然间内。

（4）防火措施：

——居住人的卧室房间内不得使用瓶装液化石油气、酒精炉、煤油炉等明火灶具，不应使用、存放甲、乙类气体和甲、乙、丙类液体等化学危险品。

——使用明火的厨房应满足下列条件：与建筑内其他部位采用实体墙和乙级防火门进行分隔，应安装独立式可燃气体探测报警器，且满足自然通风条件。

——应选用带自动熄火保护装置的燃气灶具，燃气灶具连接胶管应规范安装并定期更换。

——电气线路应设置具备短路保护、过负荷保护和剩余电流（漏电）保护功能的装置，不得使用铜丝、铁丝等代替保险丝。

——电气线路的规格应当满足用电设备负荷要求，敷设应当采用金属套管、封闭式金属线槽或 PVC 阻燃套管保护。

——不得私自、违规拉接电气线路，不得使用不合格和破损的开关、电线、灯头、插座等电气产品，空调、电热水器等大功率用电设备应设专用电源插座，灯具等散热电气设备不得紧贴可燃物。

（5）消防安全管理：

——居住房屋出租实行租赁登记备案制度，房屋租赁合同签订后，房屋租赁当事人应当及时到租赁房屋所在地建设（房产）主管部门办理房屋租赁登记备案手续。

——出租人、承租人应签订消防安全责任状，或在租赁合同中明确双方的消防安全管理责任。

——出租人是居住出租房消防安全第一责任人，应确保出租房符合消防安全要求，督促承租人落实消防安全措施，监督、制止承租人影响房屋消防安全的行为。

——承租人应严格遵守消防安全管理规定，不得擅自增加居住人数、擅自转租、擅自改变房屋使用功能和结构。

——应当保持疏散通道、安全出口畅通，不得挪用、损坏消防设施；对发现的火灾隐患应当自行或者通知出租人消除。

案例：群租房典型火灾

2015 年 6 月 1 日凌晨 4 点多，杭州市浦沿街道明德路一幢出租房发生火灾。火灾发生时二楼、三楼有多名租户被困，有部分被困者在邻居的帮助下幸运逃生，消防人员赶到后，与现场群众一起将其余被困人员救出，同时对大火进行了扑救，于4点58分基本扑灭。火灾现场搜救出5名被困人员，其中1人送到医院后经抢救无效死亡；之后，搜救现场又发现3人，均已死亡。

事后调查发现，起火的楼房内部被隔成了数间房用于出租，至少住了20人。

第2篇　防火篇

【引导语】“今天，小区广场晚上要放露天电影”，久违的小时候看电影的感觉让大家奔走相告。老王兴致勃勃地到居委会一探究竟，原来是居委会邀请了消防安全科普专家给大家讲讲家庭防火知识，之后播放电影《烈火英雄》。居委会李大姐告诉大家，今晚消防安全科普专家会给大家分析分析居民家庭火灾的案例，提醒大家家庭火灾多因不起眼的小物件或不经意的小疏忽引起的小火导致，但这小火对于整个家庭来讲却是灾难，小则房屋损毁，大则丧命或失去至亲。本篇将从住宅防火安全、厨房用气安全、电气防火安全以及日常生活用火注意事项等方面细致梳理居家防火安全措施，提高社区居民的防火意识和防火能力，减少家庭火灾的发生，避免人祸火灾导致家庭悲剧。

城镇住宅建筑的建造与农村地区不同，住宅类型多样，有高层住宅、多层洋房、低层别墅等，而且依据消防法律法规需要有从业资格的设计和施工单位来完成，同时有住房和城乡建设部门、消防救援部门进行消防审核监管，在一定程度上，保证了建筑主体的防火技术措施得以落实。社区居民更多地是对住宅楼盘的购买选择，对房屋进行装修和局部改造以及住宅建筑防火设施的使用和维护，了解这些活动中的消防安全事项才是更为必要的。

问题 21. 房屋装修时哪些部位要选用防火材料？

大量的火灾案例表明，许多火灾快速蔓延的帮凶就是可燃装修材料，有的是电气故障打火引燃周边可燃物、窗帘、沙发织物、木地板等后引起了火灾；还有的是由于吊顶、隔断采用木制品，着火后很快就被烧穿，蔓延至其他房间。在分析导致人员伤亡的因素中，有毒烟气又是火灾中最大的隐形杀手，常见的有毒有害气体包括一氧化碳、二氧化碳、二氧化硫、硫化氢、氯化氢、氰化氢等，而这些有毒的烟气大部分来自室内装修中的有机高分子材料和木材。因此，装修选材时，在追求美观舒适的同时，还应兼顾材料的防火性能。

1. 选材的基本原则

从防火和环保出发，装修选材应尽量降低燃烧性能和减少燃烧毒性：

——尽量选择不燃和难燃材料，降低房屋本身的可燃物的数量；

——避免选择产生大量浓烟或有毒气体的内部装修材料。

然而，在装修建材市场实际选择材料时，往往会碰到选用不燃材料和难燃材料与装修效果难以两全的矛盾。那么，可以选择经过阻燃处理的可燃和易燃材料。我国对于阻燃制品的要求是：应经从事阻燃制品燃烧性能检验的机构检验合格，并在规定位置加施阻燃制品标识。因此，购买时可以通过查看阻燃检验报告和阻燃制品标识判断装修材料的阻燃性能。

2. 不同装修部位选材推荐

为了便于居民安全合理地选用室内各部位装修材料，将装修材料依据在内部装修中的部位和功能分为七类：顶棚装修材料、墙面装修材料、地面装修材料、隔断装修材料、固定家具、装饰织物、其他装修装饰材料。综合评估装修材料的燃烧性能和毒性等指标，可将装修材料从不燃到易燃粗略地分为四级：A、B_1、B_2、B_3。内部装修各部位选材推荐列举见表 2–1。

表 2–1　内部装修各部位选材推荐列举

材料类别	级别	材料举例
各部位材料	A	花岗石、大理石、水磨石、水泥制品、混凝土制品、石膏板、石灰制品、黏土制品、玻璃、瓷砖、马赛克、钢铁、铝、铜合金、天然石材、金属复合板、纤维石膏板、玻镁板、硅酸钙板等

续表

材料类别	级别	材料举例
顶棚材料	B_1	纸面石膏板、纤维石膏板、水泥刨花板、矿棉板、玻璃棉装饰吸声板、珍珠岩装饰吸声板、难燃胶合板、难燃中密度纤维板、岩棉装饰板、难燃木材、铝箔复合材料、难燃酚醛胶合板、铝箔玻璃钢复合材料、复合铝箔玻璃棉板等
墙面材料	B_1	纸面石膏板、纤维石膏板、水泥刨花板、矿棉板、玻璃棉板、珍珠岩板、难燃胶合板、难燃中密度纤维板、防火塑料装饰板、难燃双面刨花板、多彩涂料、难燃墙纸、难燃墙布、难燃仿花岗岩装饰板、氯氧镁水泥装配式墙板、难燃玻璃钢平板、难燃 PVC 塑料护墙板、阻燃模压木质复合板材、彩色难燃人造板、难燃玻璃钢、复合铝箔玻璃棉板等
	B_2	各类天然木材、木制人造板、竹材、纸制装饰板、装饰微薄木贴面板、印刷木纹人造板、塑料贴面装饰板、聚酯装饰板、复塑装饰板、塑纤板、胶合板、塑料壁纸、无纺贴墙布、墙布、复合壁纸、天然材料壁纸、人造革、实木饰面装饰板、胶合竹夹板等
地面材料	B_1	硬 PVC 塑料地板、水泥刨花板、水泥木丝板、氯丁橡胶地板、难燃羊毛地毯等
	B_2	半硬质 PVC 塑料地板、PVC 卷材地板等
装饰织物	B_1	经阻燃处理的各类难燃织物等
	B_2	纯毛装饰布、经阻燃处理的其他织物等
其他装修装饰材料	B_1	难燃聚氯乙烯塑料、难燃酚醛塑料、聚四氟乙烯塑料、难燃脲醛塑料、硅树脂塑料装饰型材、经难燃处理的各类织物等
	B_2	经阻燃处理的聚乙烯、聚丙烯、聚氨酯、聚苯乙烯、玻璃钢、化纤织物、木制品等

小知识

阻 燃 制 品

阻燃制品是由阻燃材料制成的产品及多种产品的组合。经过阻燃处理的材料较处理之前能够起到抑制、减缓或终止火焰传播的作用。我国将阻燃制品及组件分为六大类：

——阻燃建筑制品；

——阻燃织物；

——阻燃塑料/橡胶；

——阻燃泡沫塑料；

——阻燃家具及组件；

——阻燃电线电缆。

阻燃制品应经从事阻燃制品燃烧性能检验的机构检验合格，并在规定位置加施阻燃制品标识。具体要求参见国家标准《公共场所阻燃制品及组件燃烧性能要求和标识》。

问题 22. 用彩钢板搭建临时建筑是否安全？该如何防火？

住宅开发中普遍存在为了顶楼楼层顺销，打出赠送顶层露台的营销策略，并为业主出谋划策，封闭露台作为阳光房、卧室、活动室等，实现销售目标。在很多住宅楼的顶层中存在各式各样材料封闭的顶层露台，最为常见的材料之一就是彩钢板。那我们来认识一下彩钢板房。

1. 彩钢板房是什么?

彩钢板房是一种以轻钢 H 型钢、槽钢为骨架，以夹芯板为墙板的建筑材料，以标准模数系列进行空间组合，构件采用螺栓连接或焊接而成的环保经济型房屋。由于具有组拆方便快捷、可重复利用的优点，彩钢板房主要用于建设工地临时性办公室、宿舍，铁路、交通、水利、石油、天然气等大型野外勘探、野外作业施工用房，城市市政临时性商业或其他用房，抗震救灾以及军事领域等临时性用房。

2. 彩钢板房的主要材料是什么?

彩钢板的基板可分为冷轧基板、热镀锌基板和电镀锌基板；涂层种类可分为聚酯、硅改性聚酯、聚偏二氟乙烯和塑料溶胶；内部材料分类主要有聚氨酯夹芯板、聚苯乙烯（EPS）夹芯（泡沫）板、岩棉夹芯板、玻璃丝棉夹芯板等，其中，防火性能最好的是岩棉夹芯板或玻璃丝棉夹芯板，属于燃烧性能 A 级建筑材料，常见的有抗震活动板房以及大跨度厂房。但由于大多数消费者不明就里，往往只考虑到价格，而没有注意安全防火性能，大量使用的是聚苯乙烯和聚氨酯夹芯的彩钢板，其价格便宜，但却燃点很低、阻燃性差。聚苯乙烯（泡沫）的燃点是 350 ~ 420 摄氏度；聚氨酯泡沫塑料燃点更低，约为 90 ~ 120 摄氏度，跟普通纸张类似，遇到明火或电气线路短路会立即燃烧。

3. 彩钢板房防火性能如何?

彩钢板房以其漂亮的外观、低廉的价格，成为一些建筑工地、居民家庭作为临时建筑的首选材料，但是由于其组合材料具有易燃的特性，使它成为一些火灾事故的罪魁祸首。常见的彩钢板耐火性能极差，芯材一旦受到高温火花或明火作用时立刻燃烧，由于材料自身的蜂窝状结构使得与空气的接触面加大，燃烧起来非常猛烈；灭火扑救过程中，水和灭火剂只能喷到彩钢板外面的钢板上，不能直接作用于夹层里的燃烧物，极易变形倒塌，易形成大面积燃烧，难以扑救（见图 2–1）；更为可怕的是易燃芯材燃烧产物毒性特别大，发烟量大，易造成人员伤亡。

图 2–1　彩钢板阁楼火灾坍塌

4. 用作临时建筑的彩钢板房如何选材?

应急管理部天津消防研究所针对不同夹芯材料的彩钢板进行实体实验，用两个大小尺寸完全一样、芯材分别是聚苯乙烯和岩棉的实验用房，分别模拟火灾的强度点火燃烧，结果是岩棉彩钢板历经 15 分钟的大火，点火部位有烟熏痕迹，受热部位稍有变形；而聚苯乙烯彩钢板仅仅过了 2 分钟就开始冒烟，5 分钟后板材内部开始冒火，不到 6 分钟时间点火部位就已经完全被烧穿。贵州省安顺市消防部门也曾进行彩钢板建筑火灾的燃烧实验，一栋用可燃彩钢板搭建的 200 平方米两层彩钢板房，从点火到坍塌，不到 5 分钟的时间。由此可见，从安全的角度考虑，搭建临时建筑物不能选用芯材为聚苯乙烯或聚氨酯的可燃彩钢板，要选用不燃岩棉夹芯板或玻璃丝棉夹芯板。

案例：彩钢板房火灾悲剧

2015年5月25日19时，河南省平顶山市鲁山县某老年公寓发生火灾，火灾过火面积约900平方米，共造成38人死亡、6人受伤。老年公寓起火建筑违规采用非阻燃材料夹芯的彩钢板搭建，火势蔓延迅速，释放大量有毒烟气，板房快速坍塌，最终酿成如此惨剧。

问题23. 住宅楼内的消防疏散楼梯间有哪些类型?

当建筑物发生火灾需要疏散时，要选择安全的疏散楼梯撤离到地面。高层住宅建筑中安装有电梯供人们上下楼，这些电梯属于普通电梯，与之相对应的是消防电梯。普通电梯没有采取有效的防火防烟措施，会有因火灾导致供电中断停止运行的可能，因此，火灾时乘坐普通电梯疏散是有风险的。住宅中除了普通电梯外，还有步行的疏散楼梯，疏散楼梯虽然没有电梯快，但没有被困的风险，因此，火灾疏散时建议选择步行的疏散楼梯。住宅中的疏散楼梯间按照封闭和防烟的程度不同，主要有以下几种类型：

1. 敞开楼梯间

敞开楼梯间敞开在建筑物内，与走廊或大厅相通，没有安装楼梯间门或墙体进行分隔，在发生火灾时不能阻挡烟气进入，而且可能成为向其他楼层蔓延的主要通道，由此可见，敞开楼梯间在火灾时不能起到防烟的作用。考虑到7层以下的居民楼和别墅的竖向疏散距离较短，且每层每户通向楼梯间的门具有一定的耐火性能，能一定程度降低烟火进入楼梯间的危险，因此，可设置为敞开楼梯间，如图 2–2 所示。

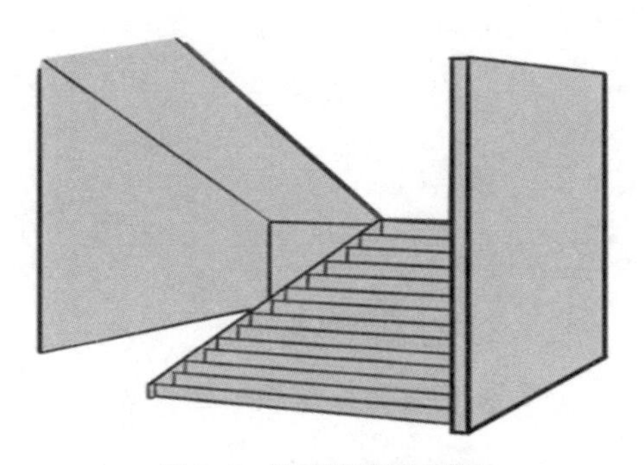

图 2–2　敞开楼梯间示意图

采用敞开楼梯间的住宅楼一旦自家发生火灾，逃生时务必要关闭房门；如果是同单元的邻居家发生火灾，不能贸然通过楼梯逃生，先要查看楼梯间是否有浓烟，如果有烟进入楼梯间，从下至上蔓延，可以选择闭门待援或通过窗户或天台等其他途径逃生。安全起见，采用敞开楼梯间的住宅楼每户居民的入户门最好采用乙级以上的防火门，这样能够为延缓火灾蔓延或等待救援和逃生赢得时间。

2. 封闭楼梯间

封闭楼梯间顾名思义是封闭起来的楼梯间，通过墙和门使得楼梯间与走道分隔，如图 2–3 所示。在住宅建筑中，封闭楼梯间与敞开楼梯间的区别是在楼梯间入口处设置门，以防止或延缓火灾热烟气和火焰进入楼梯间，常见于 6 层到 11 层的住宅楼中。由此可见，火灾中人员疏散时，封闭楼梯间比敞开楼梯间更有安全保障，发挥作用的就是一道楼梯间的门，为了保证封闭楼梯间的门火灾时发挥作用，这道门就要保证是关闭状态并且耐高温，因此，通常采用双向弹簧门或装有闭门器的乙级防火门，方便人们在出入楼梯间时可以保持自行关闭。

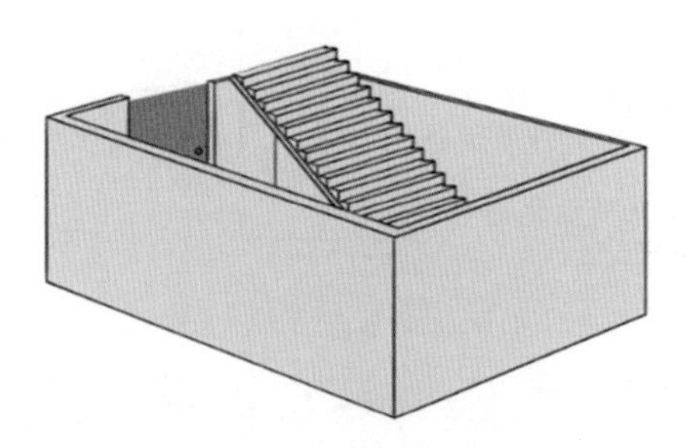

图 2–3　封闭楼梯间示意图

3. 防烟楼梯间

防烟楼梯间是具有防烟前室等防烟设施的楼梯间，防烟楼梯间是比封闭楼梯间更能有效防止火灾烟气进入的楼梯间。通常采用在楼梯间入口处设置前室或阳台、凹廊，通向前室、阳台、凹廊和楼梯间的门均采用防火门以防止火灾的烟和热进入楼梯间，具体结构如图 2–4 所示。防烟楼梯间比封闭楼梯间多了一道门，疏散走道与楼梯间的分隔更加严密，同时通过凹廊与阳台等室外敞开空间做分隔或是安装机械防烟排烟设施，使得一旦烟气进入阳台或凹廊会很快地飘散或排出。防烟楼梯间是高层建筑中常用的楼梯间形式，超过 11 层的住宅建筑应采用防烟楼梯间。

防烟楼梯间的关键部位是防烟前室，使防烟楼梯间具有比封闭楼梯间更好的防烟、防火能力，防火可靠性更高。防烟前室不仅起防烟作用，而且可作为疏散人群进入楼梯间的缓冲空间，同时也可以供灭火救援人员进行进攻前的整装和灭火准备工作。

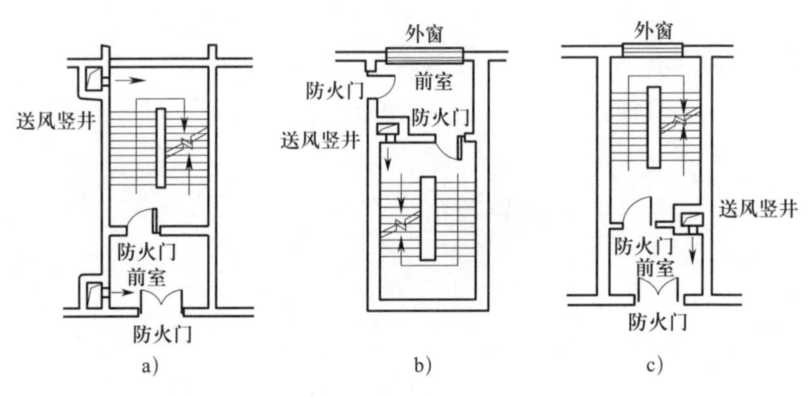

图 2–4　防烟楼梯间示意图

4. 剪刀楼梯间

剪刀楼梯间是非常形象的命名，是在同一个楼梯间内设置了一对相互交叉又相互隔绝的疏散楼梯，也被称为叠合楼梯或套梯。剪刀楼梯间在每楼层之间的梯段一般为单跑梯段，如图 2–5 所示。当在住宅单元中需要设置 2 部以上消防疏散楼梯又很难分散布置时，会采用剪刀楼梯间，剪刀楼梯间应设置防烟楼梯间。

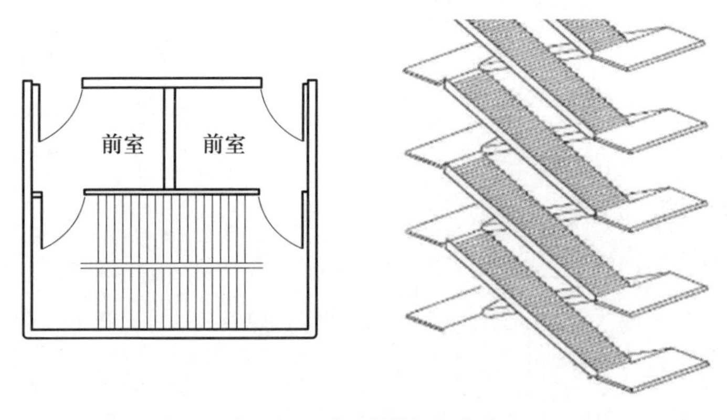

图 2–5　剪刀楼梯间示意图

5. 室外楼梯间

在建筑的外墙上设置全部敞开的室外楼梯间，如图 2–6 所示，不易受烟火的威胁，防烟效果和经济性都较好。室外楼梯间在一定意义上可以理解成与防烟楼梯间具有相同的防烟性能。

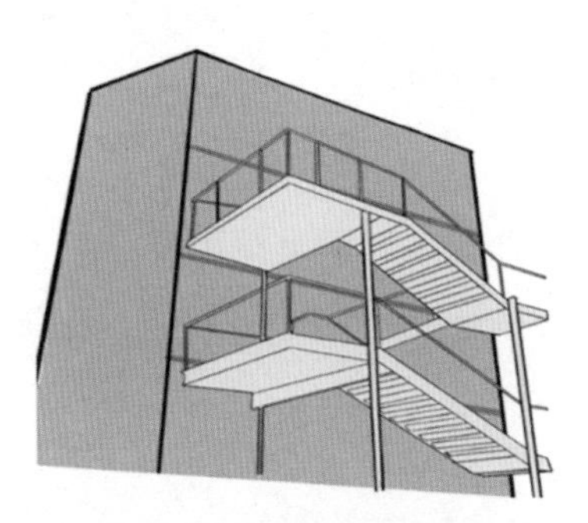

图 2–6　室外楼梯间示意图

小知识

消 防 电 梯

消防电梯是在建筑物发生火灾时供消防人员进行灭火与救援使用且具有一定功能的电梯。对于高层建筑，消防电梯能节省消防员的体力，使消防员能快速接近着火区域，提高战斗力和灭火效果。根据在正常情况下对消防员的测试结果，消防员从楼梯攀登的有利登高高度一般不大于 23 米，否则，人体的体力消耗很大。对于地下建筑，由于排烟、通风条件很差，受当前装备的限制，消防员通过楼梯进入地下的困难较大，设置消防电梯，有利于满足灭火作战和火场救援的需要。

对于普通电梯，火灾时动力将被切断，且普通电梯不防烟、不防火、不防水，火灾时作为人员的安全疏散设施是不安全的。世界上大多数国家，在电梯的警示牌中几乎都规定电梯在火灾情况下不能使用，火灾时人员疏散只能使用楼梯，电梯不能用作疏散设施。另外，由于消防电梯功能特殊，只能由专业消防救援人员控制使用，且一旦进入应急控制程序，电梯的楼层呼唤按钮将不起作用。因此，利用消防电梯进行应急疏散是一个十分复杂的问题，不仅涉及建筑和设备本身的设计问题，而且涉及火灾时的应急管理和电梯的安全使用问题，需要配套多种管理措施。

问题 24. 楼梯间的防火门一定要常闭吗？

回答这个问题，首先要了解什么是防火门，有哪些功能。防火门是指在一定时间内能满足耐火稳定性、完整性和隔热性要求的门，是设置在防火分区、疏散楼梯间、垂直竖井等的具有一定耐火性的防火分隔物。

1. 防火门的功能

防火门除具有普通门的作用外，更具有阻止火势蔓延和烟气扩散的作用，可在一定时间内阻止火势的蔓延，确保人员疏散。住宅建筑中设置防火门的作用是阻挠烟或火在防火分区或防火单元之间流动互窜，而且《建筑防火设计规范》中要求楼梯间设置防火门的部位，均是考虑其相邻走道和房间有烟或火窜入以至于妨碍安全疏散风险的部位，所以，为了有效起到阻挡烟火的作用，楼梯间防火门必须要保持常闭状态，否则不能达到设置防火门的目的，增大了火灾烟气蔓延的风险。

2. 防火门的构造

防火门由门扇、门框、防火闭门器、防火顺序器、防火插销、防火合页、防火玻璃、填充隔热耐火材料及控制设备等组成，如图2–7所示。防火门除具有普通门的作用外，更重要的是具有能阻止火势蔓延和烟气扩散，为火灾时人员疏散提供安全条件的作用。当防火门在火灾中处于敞开状态时，其阻隔烟、火的功能将彻底丧失。

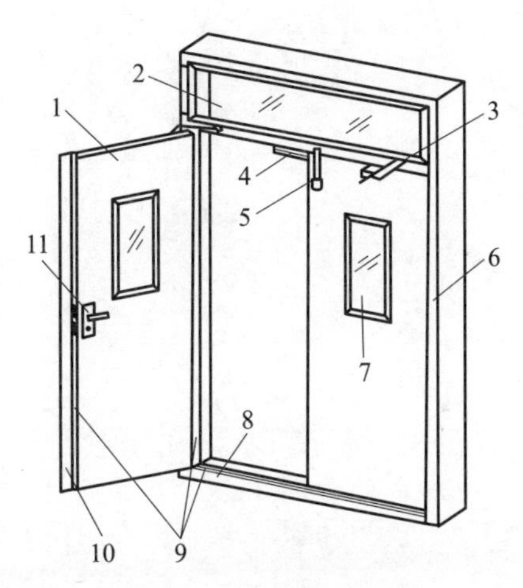

图2–7　防火门组成示意图

1—门扇　2—窗　3—防火闭门器　4—防火顺序器
5—防火插销　6—防火合页　7—防火玻璃　8—门框
9—密封条　10—中缝盖缝板　11—防火锁具

小知识

防火门的类型

防火门按耐火极限的不同，分为甲级、乙级和丙级防火门三种类型。甲级防火门耐火极限不低于1.20小时，乙级防火门耐火极限不低于0.90小时，丙级防火门耐火极限不低于0.60小时。通常，甲级防火门用于防火分区中作为水平防火分区的分隔设施，乙级防火门用于疏散楼梯间的分隔，丙级防火门用于管道井等的检修门。

防火门按开闭状态的不同，分为常开防火门和常闭防火门两种类型。设置在建筑内经常有人通行处的防火门宜采用常开防火门。常开防火门应能在火灾时自行关闭，并应有信号反馈的功能；除允许设置常开防火门的位置外，其他位置的防火门均应采用常闭防火门。常闭防火门应在其明显位置设置保持门关闭的提示标志。

问题25．楼梯前室可以做成入户花园吗？

近年来随着城镇化进程的推进，城市中心的住宅用地稀缺，高层住宅建筑越来越多，大部分为18层以上，按照《建筑防火设计规范》此类住宅应设置防烟楼梯间、配有前室。个别开发商为了吸引客户，将前室宣传为入户花园供住户私人使用。那么，防烟前室真能够作为花园或者是堆放杂物、放置电动车自行车吗？答案是不可以的。因为前室是为了保障人在火灾时能安全逃生，在消防相关规范中有明确规定，楼梯前室不得用作他用或者是私人占用。

1. 什么是前室

前室是指在高层建筑疏散走道与楼梯间、消防电梯之间设置的一个满足面积、通风和送风条件的过渡空间，通俗地讲就是电梯或楼梯前面的过道，属于公共区域。前室一般是采用敞开的阳台、凹廊或室内的房间，除了设置乙级防火门作为人员疏散的安全出口，不应设置其他的门、窗、洞口。

2. 前室的作用

——起到防烟、排烟、防火作用；

——起到缓冲楼梯间人员拥挤的作用，容纳部分疏散人员在前室内短暂时间的避难；

——抢救伤员时要能放得下一副担架；

——放置必要灭火器材。

3. 私人物品占用楼梯间前室的危害

无论是电梯前室还是楼梯前室，都属于消防安全疏散的一个重要的部位，设置前室的目的主要是考虑紧急情况下的人员安全疏散。如果放置无关物品，不仅占用空间影响疏散和救援，还可能因为物品可燃，加速火势蔓延和产生有毒烟气。

——影响人员疏散。试想当发生火灾时，户主首先是通过入户门向外跑，然后通过前室跑向安全疏散通道。如果在楼梯前室里放置鞋柜或者是其他杂物，或者做成私家花园，必然会影响正常通行。

——妨碍救援人员施救。一般着火的时候烟雾很大，视觉能见度较低，有时根本就无法看清，消防员救援通常要沿着墙根，弯腰摸着向前走。假如在前方放置了东西，势必为救援行动制造障碍。

——引发火灾和扩大火势。楼道堆积的废弃杂物多为木制品、棉织品、纸制品等可燃物，存放时间久，稍遇明火极易引起火灾。发生火灾后，楼梯间和楼梯间前室堆放的可燃物还存在加速火灾扩大蔓延的隐患。

问题 26. 全景落地窗的住宅楼如何降低火灾风险？

随着框架结构建筑技术的提升以及人们追求高品质的居住条件的需求，全景落地窗的住宅建筑大量出现在楼盘市场。落地窗顾名思义就是直接在地板面上或砌垒较低高度的墙上安装的窗户。建造落地窗的目的是尽量增加窗户的高度，使房间采光更好、更明亮，可视面更大，承载更多风景，视觉上也能凸显室内宽敞，给人开阔之感，因此，楼盘有全景落地窗成为吸引客户的一大卖点。然而，全景落地窗一系列优势的背后也隐藏着安全风险，其中的火灾隐患是主要风险之一。

1. 建筑火灾的纵向蔓延

建筑发生火灾后的蔓延分为纵向蔓延和横向蔓延，其中纵向蔓延的途径主要有门窗、管道竖井、楼梯间以及外保温材料，使得火焰从低层向高层蔓延。

2. 如何规避或弱化火灾纵向蔓延

为了防止住宅建筑火灾在纵向的快速蔓延，一般采用楼板分隔并在建筑立面开口位置的上下楼层分隔处采用防火挑檐、窗间墙等防止火灾蔓延。根据《建筑设计防火规范》规定，建筑外墙上下层开口之间应设置高度不小于1.2米的实体墙或挑出宽度不小于1米、长度不小于开口宽度的防火挑檐；当室内设置自动喷水灭火系统时，上下层开口之间的实体墙高度不应小于0.8米。当上下层开口之间设置实体墙确有困难时，可设置防火玻璃墙，但高层建筑的防火玻璃墙的耐火完整性不应低于 1.00 小时，多层建筑的防火玻璃墙的耐火完整性不应低于 0.50 小时。外窗的耐火完整性不应低于防火玻璃墙的耐火完整性要求。

由此可见，全景落地窗存在下层起火快速蔓延到上层的火灾风险，要想更安全，要么每层设置挑檐，要么选用防火玻璃，只有这样的全景落地窗的住宅才能住得舒适安心。

问题 27. 阳台可以改造成储物间吗?

阳台是建筑物室内的延伸，一般有凹阳台、凸阳台、开敞式、封闭式等多种形式。阳台通常是居住者晾晒衣物、观景纳凉、摆放盆栽的常用场所，然而很多小户型的家庭，为了扩展视觉空间，会将阳台包进客厅，做休闲区、健身房、储物间，甚至寝室等，那么，安全问题就来了。

（1）许多开发商在阳台的设计上，并没有考虑到将其改成其他用处，有些物业管理公司不允许将开敞式阳台封闭，因为阳台承重性有限，强行把阳台改造为其他用途，增加重量有坠落危险，也曾出现过阳台和人塌落的事故。

（2）阳台在住宅火灾中，往往能起到向外界呼救、给被困人员延长等待救援时间的作用，如果阳台堆放过多的可燃物，会使得火灾时火焰向阳台蔓延，被困人员失去了延长等待救援时间的关键求生空间。

（3）敞开阳台堆放过多可燃物，一旦遇到飞火或邻居起火，易引发火灾或引火入室。

因此，无论从居住的舒适度还是安全角度出发，最好还是还原阳台的本来面目，不建议将阳台改变或增加更多功能，一旦发生事故悔之晚矣。

问题 28. 住宅底商的火灾风险如何防范?

住宅底商是指位于住宅底部的商业房产，消防标准规范中为其命名为“商业服务网点”。一般住宅特别是高层住宅的第一层、第二层销售都较为困难，其价位也较其他层低，开发商通过转向做底商，价格可以卖得更好，同时小区的商业配套也得以解决。住宅底商主要包括两种形式，一种是位于住宅楼一层、二层或地下层的房产，另一种是属于住宅建筑物的“裙楼”，即属于住宅建筑物的附属房屋，大多为一至三层，全部是商业用途。

住宅小区设置的底层商铺，多为小餐厅、小超市、理发店等小型商业门面。对住户来说，这些小型商业服务网点布置在住宅楼下，配套生活所需还是挺方便的。不过由于是商业场所，可燃物多、用火多、用电量大，火灾风险相对于住宅而言还是要高出很多。

住宅底商有利也有弊，从防火角度来讲，要加强安全管理和防火措施，减少火灾发生与危害。

——根据《建筑设计防火规范》，住宅底层的商业服务网点只能设置在住宅建筑的二层以下楼层，每个商铺的分隔单元建筑面积不大于 300 平方米。

——住宅底层的商业服务网点严禁用作经营、存放和使用甲、乙类火灾危险性物品的商店、作坊和储藏间。

——设置商业服务网点的住宅建筑，其居住部分与商业服务网点之间应采用耐火极限不低于 2.00 小时且无门、窗、洞口的防火隔墙和

1.50 小时的不燃性楼板完全分隔。

——商业服务网点中每个分隔单元之间应采用耐火极限不低于 2.00 小时且无门、窗、洞口的防火隔墙相互分隔。

——住宅部分和商业服务网点部分的安全出口和疏散楼梯应分别独立设置。

——当每个分隔单元任一层建筑面积大于 200 平方米时，该层应设置 2 个安全出口或疏散门。对于 2 层的商业服务网点，当首层的建筑面积大于 200 平方米时，首层需设置 2 个安全出口，二层可通过 1 部楼梯到达首层。当二层的建筑面积大于 200 平方米时，二层需设置 2 部楼梯，首层需设置 2 个安全出口；当二层设置 1 部楼梯时，二层需增设 1 个通向公共疏散走道的疏散门且疏散走道可通过公共楼梯到达室外，首层可设置 1 个安全出口。

——商业服务网点进深不宜过大，以利于人员安全疏散，对于一、二级耐火等级的建筑，单元内的疏散距离不大于 22 米。

——住宅底商的灭火设施配备等同于住宅建筑的要求。按面积计算配置灭火器，每个配置点至少 2 具灭火器；大于 7 层的住宅底商应设消火栓系统；18 层以上的住宅底商应设置火灾自动报警系统；建筑高度大于 100 米的住宅底商应设置自动喷水灭火系统。

案例：住宅底商火灾

一旦住宅建筑底层的小商铺起火，可能危及整栋住宅楼的安全。例如，衡阳“11·3”特大火灾事故的原因就是住宅底商的商家用硫黄熏制八角，不慎引燃八角起火蔓延致整栋建筑，最终 3 000 平方米坍塌，20 名消防官兵牺牲。又如西安某国际公寓一层肉夹馍小吃店由于液化气罐泄漏引发爆炸，造成 9 人死亡、37 人受伤。

厨房在家庭住宅中面积占比不算大，可却是家庭中用火、用电、用气的集中场所，也是可燃物集中的地方，特别是煤改气工程后燃气走进了社区的家家户户，燃气泄漏、用火不慎引发的火灾事故层出不穷，需要引起居民的高度重视。

问题 29. 不正确使用燃气的危害有哪些?

根据《2016—2022 年中国城市燃气生产与供应产业现状分析及十三五发展策略分析报告》，目前城市主要使用的燃气种类包括天然气（NG）、人工燃气（MG）、液化石油气（LPG），这些都是由几种可燃气体和不可燃气体组成的火灾危险性较大的易燃易爆气体混合气体，若在密闭空间内泄漏，与空气混合达到爆炸极限，遇到热源就可能发生有巨大破坏力的爆炸。

居民家庭使用的最为常见的燃气是天然气。天然气的主要成分是甲烷，其本身不具备毒性，是一种无色无味的可燃气体。完全燃烧时，生成二氧化碳和水；正常燃烧的火焰颜色为蓝色，无黑烟。天然气密度比空气小，一旦泄漏会在空气中向上扩散。由于天然气无色无味，在输入城市管网前，被注入了规定剂量的加臭剂进行加臭，以便在发生泄漏时能够让人察觉。只要有少量的天然气泄漏，人们就可以闻到刺鼻的臭鸡蛋气味。

居民使用天然气不当可能发生的危害有：

——燃烧和爆炸。当发生燃气泄漏时，泄漏的燃气遇明火即发生燃烧；泄漏的燃气与空气混合达到 5% ~ 15%（此为天然气的爆炸极限），遇火星就会发生爆炸，造成人员伤亡和财产损失，严重的还会殃及左邻右舍。

——一氧化碳中毒和窒息。天然气在燃烧时会消耗空气中的氧气，如果通风不良，消耗的氧气得不到补充，会导致天然气不完全燃烧，产生剧毒气体一氧化碳，人体吸入后会引发一氧化碳中毒。另外，若天然气泄漏后在空气中达到较高浓度，也会造成人员窒息。

所以，安全用气，防泄漏，防中毒，开窗通风是关键。在使用天然气时保持室内空气流通，将有效地防范事故的发生。

问题 30. 厨房燃气管道安装有哪些要求?

虽说厨房燃气管道的布置是一门技术活，要请专业的燃气施工人员，禁止私自改造，但是作为住户，有些基础知识还是有必要了解，以免厨房的整体设计安装与燃气管道发生冲突。

1. 厨房燃气管道布置的基本要求

——厨房装修中尽量不要改动其入户管道，以免造成安全隐患。必须要改造时，一定要以安全为根本，并且管道线路不宜太复杂，以简单不交叉为原则；在安全的基础上再追求美观、方便、实用等方面的设计。

——室内立管宜明设。燃气立管不宜穿过卧室或卫生间，敷设在起居室（厅）走道内的燃气管道不宜有接头。当必须穿过卫生间、阁楼或壁橱时，燃气管道应采用焊接连接（金属软管不得有接头），并设在钢套管内。

——严禁将燃气管道设施遮封在密闭的吊顶或柜内，一旦燃气发生泄漏，密闭的吊顶或柜内空间就会积存燃气，不易被嗅觉发现，当燃气积聚到一定浓度时遇明火，就会引发爆炸事故。若为了美观需要遮挡则可以采用通风好的百叶隔板或顶部镂空，而且要保证开启方便以备日后维护。

——燃气支管宜明设。严禁将燃气管道暗埋入夹墙或封堵在混凝土内，如果支管处不能明设必须暗藏时，需要保证暗藏部分不得有机械接头。

——明装绝缘电线与燃气管道的距离要求：平行敷设不应小于25厘米，交叉敷设不应小于10厘米。

——暗装或套管的绝缘电线与燃气管道的距离：平行敷设不应小于5厘米，交叉敷设不应小于1厘米。

——电源插座、电源开关与燃气管道的距离：平行敷设不应小于15厘米，不允许交叉敷设。

——燃气表与灶具、热水器的最小水平净距不应小于30厘米，与电源插座、电源开关的最小水平净距不应小于20厘米。

2. 厨房燃气安装注意事项

——安装天然气管道和设备的房间一定要有外窗，保证通风。

——安装燃气的燃气灶和燃气炉的管道、管件以及阀门等必须是符合国家标准的合格产品。

——连接燃气器具的软连接管建议使用国标不锈钢波纹管丝扣连接；若采用橡胶或塑料类软管，不超2米处要安装固定卡，而且定期

1 年左右更换，以防胶管老化开裂漏气。

——燃气管道和设备安装后要试压合格，并且检测连接处是否密封、有无漏气。

——安装燃气热水器的时候务必要看清标志，正确接入，并反复检查确认，严禁把进水与进气管线混淆，试水通气而引发事故。

3. 燃气表安装要求

用户燃气表宜安装在不燃或难燃结构的室内通风良好和便于查表、检修的地方。严禁安装在下列场所：

——卧室、卫生间、更衣室内。

——有电源、电气开关及其他电气设备的管道井内，或有可能滞留泄漏燃气的隐蔽场所。

——环境温度高于 45 摄氏度的地方。

——经常潮湿的地方。

——堆放易燃易爆、易腐蚀或有放射性物质危险的地方。

——有变、配电等电气设备的地方。

——有明显振动影响的地方。

——高层建筑中的避难层及安全疏散楼梯间内。

问题 31. 厨房燃气管道使用要注意哪些事项?

燃气管道分为主立管、支管和软管，管内充满天然气，绝不能有漏点，否则可能引发火灾爆炸事故。因此，在日常使用中要做好管道的安全使用与维护。

1. 燃气主立管的镀锌钢管使用安全

——不要敲击、碰撞户内、户外燃气管道设施。

——不要在燃气管道设施周围堆放杂物和易燃品。

——不要将燃气管道设施作为电气设备接地线使用。

——不要在燃气管道设施上挂物。

——不要在地下燃气管道及其设备周围搭建建筑物和加装门锁。

——不要弄松固定燃气管道的管卡，以致管道失去支撑而变形、漏气。

2. 燃气用不锈钢波纹管使用安全

不锈钢波纹管严禁过度弯曲（不得形成直角）、转拧、脚踏、强力拉扯或用力击打。连接灶具和管道的两头应紧固好。

3. 燃气软管的使用安全

——严禁使用非燃气专用软管。

——严禁私拉乱接软管；软管不得穿过墙、楼板、天花板、门和窗。

——软管不得有接口，严禁安装三通接头。

——燃气软管的长度不应超过 2 米；软管应低于灶具面板 30 毫米以上；软管不要靠近炉面，以免被火焰烧烤。

——经常检查和清洁软管，不要压、折软管，以免造成堵塞，影响连续供气；当软管存在弯折、拉伸、龟裂、老化等现象时不得使用；发现烤焦、鼠虫齿咬痕迹时，应立即更换；正常情况下，最长 18 个月更换一次软管。

问题 32. 厨房燃气灶具使用要注意哪些消防安全事项?

燃气灶具是厨房最主要的燃气设备，安装和使用不当是导致厨房燃气火灾的主要原因，因此，要特别注意燃气灶具（以下简称燃具）

的安全使用。

——必须使用与燃气匹配的燃具。错用了燃具，会导致燃气燃烧不完全，产生一氧化碳导致中毒。

——购买正规厂家生产的合格燃具产品，一定要选用有自动熄火保护装置的燃具，如图2-8所示，尽量不要购买玻璃灶面的燃具。

图2-8　有自动熄火保护装置的燃具

——认真阅读产品使用说明。不同品牌的燃具，使用方法可能有区别，使用前一定要认真仔细阅读使用说明，学会正确使用。

——如果连续三次打不着火，应停顿一会儿，确定燃气消散后，再重新打火。因为燃具虽未点着火，但燃气已多次释放，遇到明火极易燃爆。

——燃具点不着火及使用中燃具突然熄火时，应立即关闭燃具开关及燃具前阀门。因为如果因燃具失灵没点着火，或者因燃气抢险、抢修等暂时断气后恢复供气时，若燃具开关一直开着，会造成燃气泄漏。

——烹饪食物时，一定要有人在旁照看，切勿在无人照看的情况下使用燃具。要教育小孩不要玩燃气开关，以防发生燃气泄漏，引发火灾。

——使用完毕做到“人走火熄”，检查确认是否已关闭燃具开关、燃气阀门。养成晚间睡前关闭燃气管道阀门的习惯，如外出旅游，请谨记关闭燃具开关、灶前阀及表前阀，彻底切断气源。

问题 33. 燃气炉安装使用要注意哪些消防安全事项?

燃气炉是居民家庭普遍采用的加热设备，满足人们日常使用热水和采暖需求，主要有两大类——燃气热水器和燃气采暖炉。

1. 燃气炉安装要求

——用户在购买燃气炉时，应看该企业或产品是否三证齐全，即国家颁发的燃气热水器或采暖炉生产许可证、中国燃气具产品质量安全认证、国家级燃气具检测中心的产品检测报告或地方准销证。

——燃气热水器应安装在通风良好的非居住房间、过道或阳台内，并应严格按产品说明书规定规范安装。

——燃气热水器工作时要消耗大量氧气，并产生大量废气，所以，必须安装排气管并有效伸到室外。强排式热水器排气管不得安装在楼房的换气风道及公用烟道上。

——严禁使用直排式热水器。烟道式和强排式热水器不能安装在浴室内，平衡式热水器可安装在浴室内。

——装有半密闭式热水器的房间，房间门或墙的下部应设有有效截面面积不小于 0.02 平方米的格栅，或在门与地面之间留有不小于 30 毫米的间隙。使用时，应打开窗户，保证室内通风良好，保证热水器排气管道通畅。

2. 燃气炉使用安全注意事项

——定期检查清理保养。家用燃气热水器一般 6 ~ 8 个月就要清理一次，可减少有害物质的排放量，还可节约燃气。

——如果长期不使用热水器，要关闭电源，将内胆的储水排空，排空前必须先将电源切断。

——千万不要自行更换热水器上的零件，故障后切勿私自维修，应及时与指定的维修单位联系。

——使用中不得将水喷洒到空气开关或机身上，以免电气部件受潮。

——若怀疑热水器中的水有可能结冰，则禁止给热水器接通电源。

——燃气热水器的判废年限应为 8 年，因此，燃具从售出当日起，已到使用年限或存在严重隐患的燃具，须及时更换。

小知识

常见的热水器种类

直排式热水器是将废烟气直接排在室内的一种燃气热水器，也是最早出现的热水器种类。直排式热水器属于早期热水器产品，其结构和使用条件具有一定的局限性，使用时产生的废气直接排放在室内，所消耗的氧气也取自于室内，如果通风不畅，极易发生一氧化碳中毒。由于安全隐患大、事故发生率高，我国在 2000 年就已明确禁止市场上出售直排式热水器。但在一些落后地区的住户中，直排式热水器仍屡禁不止。

烟道式热水器是直排式热水器的改进，在原来直排式结构上部增加一个防倒风排气罩与排烟系统。烟道式热水器的主要特点是燃烧烟气经烟道排向室外，在一定程度上解决了室内空气污染问题。烟道式热水器工艺技术成熟，价格低廉，在我国存在大量的用户，今后仍有一定市场。但由于此类热水器所需的燃烧空气仍取自室内，燃烧强度低，热水器体积大，还有安装和用户使用方面的问题，导致热水器仍然存在不少安全隐患。

强排式热水器是用一种特别长的传热管和金属接触面特别多的一种热交换器，将燃烧后气体的热量充分传给金属片而去加热水，从而使排出的废气温度特别低，此热交换器具有极高的热效率。强排式热水器是在烟道式热水器的基础上增加了一个排烟气马达，运行时，烟气通过烟道被排风机强制排到室外，燃烧时所需的氧气仍取自室内。

平衡式热水器是最为安全的燃气热水器，和直排式、强排式两类热水器相比，平衡式热水器的最大不同是它可以与配套烟道一起组成一个与室内空气隔离的密封系统，既不消耗室内空气，也不会造成烟气污染。平衡式热水器燃烧所需要的氧气从室外吸取，所产生的废气也排到室外，这样就不会消耗室内的氧气，不会造成室内缺氧等情况，因此，平衡式热水器可以安装在卫生间或者浴室内。

问题 34. 使用燃气时如何进行安全检查?

据统计，国内外因燃气发生的事故，大部分为不规范使用和设备故障、损坏引起的。家用燃气常见的火灾原因是阀门关闭不严，阀杆、丝扣损坏失灵，阀门不符合安全质量要求，或误开阀门，使天然气逸出，遇到明火燃烧或爆炸。因此，使用天然气一定要按照安全须知进行，并及时检查设备和管道。

1. 安全检查要求

——用户自己应经常检查户内燃气设施是否完好，一旦发现有漏气或其他故障，应立即报修。

——燃气公司专业人员也会定期上门到用户家中进行安全检查，用户需要积极配合安全检查工作，并在安全检查单上签字确认，对查出的隐患，用户应立即进行整改。

——如果发现故障或新装、更换燃气设备后，联系燃气公司专业人员做安全检测。

——安装独立式可燃气体探测器（见图 2–9）或可燃气体管道紧急切断机械手（见图 2–10）。

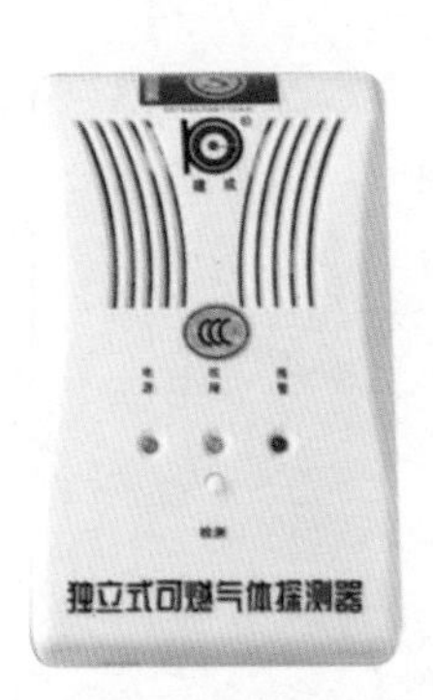

图 2–9　独立式可燃气体探测器

图 2–10　可燃气体管道紧急切断机械手

2. 家庭燃气漏气的自查方法

当怀疑有燃气泄漏时，可用以下方法简单查漏：

——肥皂水等溶液查漏。任选肥皂、洗衣粉、洗洁精三者之一，加水制成溶液，用小毛刷涂抹在室内燃气管道的接头、阀门、胶管、燃具、燃气表等处，有气泡鼓起的部位就是漏点；或者将蘸有溶液的小毛刷直接贴到查漏处，若有燃气泄漏，气泡则会连续出现在毛刷上。

——将燃具（如灶、热水器等）全部关闭，通过长时间仔细观察燃气表最后一位数字有无走动现象来判断是否漏气。

——通过眼看、耳听、手摸、鼻闻等感官查漏。

3. 室内燃气泄漏应急措施

发现室内燃气泄漏，不要慌张，保持冷静，采取以下措施：

——打开门窗。让空气流通，以便燃气散发。

——切断气源。立即关闭表前阀。

——消灭火种。杜绝一切火源，严禁各类火种靠近。

——不要开任何电器、开关和接打电话。打开和关闭任何电器，如电灯、电扇、排气扇、吸油烟机、空调、电闸、座机、移动电话、门铃等，都可能产生微小火花，引起爆炸。

——室外电话报警。在没有燃气泄漏的地方，拨打燃气公司抢修电话。

——疏散人员。迅速疏散家人、邻居至安全地带，阻止无关人员靠近。

——报告物业，在安全地方切断总电源。

小贴士

燃气管道不乱改，定期检查防损坏；
安全使用天然气，漏气检查多警惕；
燃气泄漏不要慌，快关阀门速开窗；
消防安全不放松，家庭幸福乐融融。

问题 35. 家庭厨房吸油烟机为什么会引发火灾?

中国人的餐桌上少不了煎炒烹炸的佳肴，自然也少不了吸油烟机帮忙解决油烟问题，社区居民的家家户户几乎都安装吸油烟机，然而吸油烟机的长期使用避免不了油垢存留，而人们常常会在认为油垢影响卫生、美观时才想到清理，而忽略了它的火灾隐患。

——因为油烟凝固长时间附着在吸油烟机上，其黏性变强而影响风轮转速，使排烟不顺畅，由此电机负荷加重，不仅增大用电量，甚至导致电路短路引燃可燃物。

——吸油烟机长时间不清洗会出现输油管积累大量油污和滤烟网凝固油垢现象，猛火炒菜时，如果火苗过高或者油锅着火，火头火星被排烟设备离心力带入烟道，明火引燃排烟罩、导油板以及管道油污引发火灾。

案例:

2015 年，武汉市武昌区某小区发生火灾，后得知是因其吸油烟机表面的油污没有定期清洗，油污滴到煲汤锅边的火苗上，从而引发火灾。

2016 年，苏州市某饭店发生火灾，经消防人员排查，确认是排烟管道内积满油污，排烟机滚轮长时间运作，导致温度过高引起。

2017 年，浙江省湖州市一烧烤店突发大火，消防官兵赶到后奋力扑救才扑灭。火灾原因主要是厨房烟道清理不及时，油垢堆积严重，遇明火及高温烟气后，油垢被引燃。

2020 年，天台县三合镇许某家一楼厨房，因户主在烧饭过程中用火不当造成蹿火引燃吸油烟机表面油脂，从而引起厨房着火。所幸报警人自行使用灭火器扑灭火灾。

问题 36. 家庭厨房吸油烟机如何预防火灾?

——家庭日常清洁。吸油烟机外壳一旦手触发粘，滤油网油污过厚，集油碗有油污流入，就要清洗吸油烟机外壳。

——定期专业清洗。吸油烟机的核心部分是叶轮，一般使用半年左右，叶轮就会沾满油污，应该请专业人员彻底清洗。因此，频繁使用的吸油烟机一般使用 6 个月就需要深度清洗；如果做饭习惯煎炸，油烟较多的还要根据情况缩短清洗周期。

——禁止用酒精、香蕉水、汽油等易燃溶剂清洗吸油烟机，一是溶剂对吸油烟机本身有腐蚀作用，二是易燃液体易挥发，遇明火可能发生爆燃。

专题三：电气防火

居民家庭早已实现了电气化，生活中用电设备越来越多，大到冰箱、彩电，小到电灯、电话。电气火灾也成为居民家庭火灾最为主要的原因，因此，每个家庭都有必要掌握最基本的安全用电常识。

问题 37. 居家安全用电常识有哪些?

居民家庭生活安全用电常识比较琐碎，为了方便理解和记忆，我们将其归结为作为性用电常识和禁止性用电常识。

1. 作为性用电常识

——认识和熟悉家庭电表箱，学会在紧急情况下关断总电源。常见的家庭电表箱，由电源总开关和电器或房间的分项控制开关组成，通常总开关比其他分项控制开关横向要长一些，建议在家庭开关下方做出标识。

——电器使用完毕后应拔掉电源插头；插拔电源插头时要握住端部，不要用力拉拽电线拔插头，以免电线的绝缘层受损造成触电。

——电线的绝缘皮剥落，要及时更换新线或者用绝缘胶布包好。

——接临时电源要用合格的电源线，电源接线板要安全可靠；损坏的接线板不能使用，电源线接头要用胶布包好。

——家用电热设备、暖气设备一定要远离煤气罐、煤气管道，发现煤气泄漏时先开窗通风，千万不能拉合电源，并及时请专业人员修理。

——使用电熨斗、电烙铁等电热器件，必须远离易燃物品，用完后应切断电源，拔下插头，以防意外。

——停电后，要切断家里电源，关闭所有电气开关，防止恢复供电后电压不稳或电热设备因无人看管，而酿成火灾事故。

——遇到家用电器着火，不要急于灭火，应先切断电源再救火。

2. 禁止性用电常识

——不用手或导电物（如铁丝、钉子、别针等金属制品）去接触、探试电源插座内部。

——不用湿手触摸电器，不用湿布擦拭通电中的电器，进行家用电器修理前必须先关闭电源。

——不随意拆卸、安装电源线路、插座、插头等。安装灯泡等简单的事情，也要先关断电源。

——严禁私自从住宅楼的公用线路上接线。

——发现有人触电要设法及时关断电源，或者用干燥的木棍等物品将触电者与带电的电器分开，不要用手去直接救人。

小贴士

安全用电不放松，人人有责记心中；
使用电器要正确，私拉乱接可不行；
安装维修找电工，切勿逞能来冒险；
各种线路分开布，混在一起难区分；
灯泡开关咱常用，质量第一要记清；
电气起火莫慌乱，断开电源快行动。

问题 38. 家庭电气线路改造要注意哪几点?

各家各户在装修时或多或少需要进行改电工程，然而因电气线路敷设不规范，导致线路故障而引发火灾的事故比较频繁。关于家庭电气线路敷设，应注意以下几点，可有效避免电气火灾。

——选择专业电工进行线路改造，必要时要核验其电工证。

——电线根据截面的粗细，对其可承受的额定电流都规定了安全载流量，线路如果超负荷运转就会引起火灾，烧掉所使用的设备，因此，要根据选用的电气设备的功率和电流选择合适电线截面。基本要求是导线耐压等级应高于线路工作电压，截面的安全电流应大于负荷电流，电线的截面面积应比实际负荷大一号。

——各种明布线应水平或垂直穿管敷设，严禁斜线布置，导线水平敷设时距地面不小于 2.5 米，垂直敷设时不小于 1.8 米，否则需加保护。

——导线暗敷或穿墙应装过墙管，两端伸出墙面 10 ~ 20 毫米。

——线路应避开热源，如必须通过时，应做隔热处理；线路敷设用的金属器件应做防腐处理；装修时电线应穿金属管或使用氧指数大于 35 的 PVC 管保护。

——保险丝要按额定电流选型，家中因超负荷用电导致电路保险丝熔断时，切勿使用铜丝或铁丝代替。因为保险丝是铅合金丝，熔点低，超过额定电流就会很快熔断，以起到保护电气设备的作用。如果用铜丝、铁丝代替保险丝，其熔点变高，电流超负荷时不能及时熔断，也就无法起到断电保护的作用。

——家中电线要及时更换，更换时要找有从业资格证的电工操作，防止因更换中操作不当引发事故，以及更换后因连接不合规格造成电线短路引发火灾；进户线路应设置分路空气开关和漏电保护器，大功率用电设备需单独设置短路保护装置。

小贴士

家用电器种类多，固定安装最重要；

电线敷设需谨慎，专业电工才放心；

线路敷设有明暗，穿管防护才放心；

横平竖直要规范，禁止超近斜拉线；
电线粗细要选对，负荷大点留空间；
保险型号不要超，及时熔断是目标。

问题 39. 接线板如何使用更安全？

家用电器多，固定接口不足是居家生活中常碰到的问题，这时就需要接线板来帮忙。普通接线板、多功能接线板已是家用电器最常用的电路中转连接工具，如果接线板的质量不过关或使用不当，都会成为引发火灾的诱因。市面上接线板种类繁多，规格型号多样，在购买时需要仔细挑选且正确使用。

——在选购接线板时，要看产品是否标明企业名称，规格型号，额定电压、电流值等，最好选择有质量保证的大品牌产品。不要因贪图便宜而购买三无产品，更要警惕不要买到假冒伪劣产品。

——注意功率较大的两个电器不要插在同一个接线板上使用。多功能接线板上的插孔是为了使用方便，不建议所有插孔长时间都同时插满插头使用，这样容易因负荷过重引发火灾。

——需要长期连续供电的电器和需要接地保护的电器不建议使用接线板，尽量连接在固定插座上。

——在离家时，要将连接在接线板上的临时用电设备关闭或切断接线板电源，以防家电超时使用导致机体过热起火。

问题 40. 照明灯具应采取哪些防火措施？

照明灯具主要有白炽灯、日光灯、荧光高压汞灯、卤钨灯等，由于白炽灯、卤钨灯通电时表面温度高，故火灾危险性较大。

1. 引发火灾的原因

——灯头温度高，容易引燃附近的可燃物。

——灯泡破碎，炽热灯丝能引燃可燃物。供电电压超过灯泡上所标的电压、大功率灯泡的玻璃壳受热不均、水滴溅在灯泡上等，都能引起灯泡爆碎。由于灯丝的温度较高，即使经过一段距离空气的冷却（灯泡距落地点的距离），仍有较高温度和一定的能量，能引起可燃物的燃烧。

——灯头接触不良。灯头接触部分由于接触不良而发热或产生火花，以及灯头与玻璃壳松动时，拧动灯头而引起短路等，也有可能造成火灾事故。

——镇流器过热，能引起可燃物燃烧。镇流器正常工作时，由于镇流器本身也耗电，具有一定的温度，若散热条件不好或与灯管匹配不合理以及其他附件发生故障时，会使内部温度升高破坏线圈的绝缘强度，形成匝间短路，产生高温，会将周围可燃物引燃。

2. 防火措施

——照明灯具表面的高温部位距可燃物过近或灯具破碎易引燃可燃物，应与可燃物保持一定的距离；当与其靠近时，应采取隔热、散热等防火保护措施。

——卤钨灯和额定功率超过 100 瓦的白炽灯泡的吸顶灯、槽灯、嵌入式灯，其引入线应采用瓷管、矿棉等不燃材料作隔热保护。

——卤钨灯、高压钠灯、金属卤灯光源、荧光高压汞灯、超过 60 瓦的白炽灯的表面温度高，长时间接近可燃物会引起火灾，因此，高温灯具及镇流器不应直接安装在可燃装修材料或可燃构件上。

——为了追求美观，灯罩材料和造型多式多样，选择时需要提高警惕，严禁使用可燃材料制作的无骨架灯罩。

问题 41. 什么情况容易导致电动车起火?

近年来，电动车作为越来越常见的短途代步工具，遍布大街小巷。电动自行车、电动摩托车、电动助力车，随处都可以看到这些统称为电动车的身影，然而电动车却存在可能致命的火灾隐患，往往被人们忽视。据统计，电动车起火 80% 是发生在充电过程中。电动车充电过程中发生火灾的主要原因有电动车自身电气线路短路、充电器线路接触电阻过大超负荷、电动车电池故障发热爆炸起火等。电动车导致火灾的具体情形有：

——线路老化。电动车使用时间久了，车里的连接线路很容易老化、短路。如果车内的电线发生短路，加上外部温度过高，就很容易发生燃烧。

——自燃起火。一般电动车自燃，人们很容易将缘由归结到电池上来。拿铅酸电池来说，即使电池内部温度较高、产生大量气体，也会通过排气孔释放出去，因此，不会轻易发生爆炸。一般是电池使用年限长了，内部线路容易短路，引起自燃；还有一个原因是电池安装不规范，在长期使用摩擦后会导致短路发热引发电池燃烧。

——过度充电。电动车用户的充电时间一般是在夜晚，人们一般充上电便放任不管，所以常常出现电池已经充满，但仍在继续充电的情况。优质安全的充电器，在电池充满后，会自动断电，保护电池。但劣质的充电器不具备自动断电的功能，因此，便有可能发生过充问题，埋下起火隐患。

——私自改装，使用低劣电池、充电器及电子元件。私自改装大功率电池、电池连接线短路、电动车电子元件组装不到位导致接触件松动等，都存在引发安全事故的隐患。

——充电器不匹配。使用不匹配的充电器也有可能会导致电动车起火。现在很多家庭不止一辆电动车，不同品牌的电动车充电器千万不要混合使用，这样不仅会给电动车电池带来损伤，也会埋下安全隐患。

——充电方式不规范。有些人私拉电线，在楼道给电动车充电，甚至有人铤而走险“隔空”充电，从家里的阳台“空降”一条电线到一楼，“隔空”充电。经过长时间风吹雨淋，电线老化绝缘层破损导致的短路也会引发安全事故。

小贴士

电动车辆很便利，火灾隐患也不小；
线路老化易短路，自燃起火要防范；
私自改装埋隐患，充电混用风险高；
高空拉线距离长，稍有破损灾难降。

问题 42. 可以在家里或楼道里给电动车充电吗？

电动车在给人们出行带来便利的同时，也带来了不可忽视的消防问题。数据显示，80% 的电动车火灾是在充电时发生的；有人员伤亡的电动车火灾 90% 是因将其置于门厅或过道。那么很显然，在家里或楼道里给电动车充电，一旦起火后果非常严重。

1. 电动车火灾的后果

如果在家里或楼道里为电动车充电，一旦起火后果不堪设想。那么，电动车起火为何易导致人员死亡呢？答案是火场温度和毒烟。数据显示，30 秒，即电动车起火之初，有毒气体覆盖整个房间；2 分钟，电动车整体起火；3 分钟，火焰温高达 1 000 多摄氏度，烟气温度最高超过 1 000 摄氏度时，高温、毒烟比明火更致命。

2. 电动车火灾发生的时间

据统计，超过一半的电动车火灾伤亡事故发生在晚间充电时。很多人下班后把电动车放在家里或楼道内整晚充电，往往都是人们熟睡的时候电动车起火了，不能及时发现、报警和施救。电动车放在楼道内，直接把逃生通道切断了。电动车燃烧实验证明，一旦电动车燃烧起来，毒烟以每秒 1 米的速度快速向上扩散，所以，一层楼电动车着火很快会导致整幢楼陷入毒烟密布的状态，极易造成人员伤亡，甚至群死群伤火灾事故。

3. 电动车充电防火措施

由于大部分电动车火灾事故是在充电时发生的，因此，电动车火灾防范主要是保证充电安全。结合电动车固有的火灾危险性和火灾教训，电动车尽可能不要在家里充电，应移步到住宅区周边的专用电动车充电点充电，并且在充电时要注意以下问题：

——正确充电，保证电动车的充电时间，一般夏天充电 6 ~ 8 小时，冬天充电 8 ~ 10 小时为宜，充满之后如果长时间不断开电源，充电器内的电子元件很可能出现过热现象，容易导致短路并出现火花，进而引发火灾。

——夜间及凌晨最易引发火灾，所以充电最好在白天进行，且及时查看充电情况。一旦发现充电器上的小灯提示充电完成，就应该尽快断开电源。

——不同品牌的充电器不能混合使用。如果充电器损坏，一定要到正规店铺购买匹配的充电器，不要选择劣质的充电器。

——电动车内普通电池使用年限为1.5 ~ 2.5年，所以用户应定期更换电池。

——禁止乱接电线充电，如果电线老化或者电动车本身电池出现了问题，同样容易发生火灾，若夜间充电，两者叠加，危险则更大。

——充电的时候，最好把电池和充电器安放在通风并且温度适宜的环境里，避免车辆存放时有暴晒、淋雨等情况。

——电动车在充电时，要仔细检查附近是否堆放易燃易爆物品，以防电动车在起火时引燃附近的物品，造成更大的火灾。

——应加强日常自查自检。在日常生活中，应该加强对电动车的电线、电路等方面的检查，防止接触不良引起接触点打火、发热，避免线路磨损而造成串电事故的发生。

案例：电动车充电火灾隐患大

2011年4月，北京市大兴区旧宫镇一4层楼房，因存放在一层室内的电动三轮车在充电过程中发生电气故障，引发火灾，最终造成18人死亡、24人受伤。

2013年10月，北京市石景山区某购物中心一层餐厅内，电动车电池在充电过程中发生电气故障引发火灾，并蔓延至购物中心内部，过火面积1 500平方米，在火灾扑救过程中，2名消防官兵牺牲。

2014年7月，河南省郑州市中原区后河卢村卢某自建房内，因停放的电动自行车发生电气短路引发火灾，造成4人死亡、7人受伤。

2015年1月，浙江省台州市一住宅楼室外停车棚内电动车起火，造成向楼道逃生的8名人员死亡。

2016年8月，广东省深圳市宝安区沙井街道某社区发生一起因电动车充电导致的火灾，造成 7 人死亡、4 人受伤。

2016 年 1 月，北京市朝阳区小红门乡牌坊村一村民住宅内，因电动自行车在充电过程中，充电电源线短路引发火灾，造成一家 3 口身亡。

2017 年 9 月，浙江省台州市玉环市一群租房内，因电动车电气线路短路故障发生火灾，造成 11 人死亡、12 人受伤。

2018 年 1 月，陕西省西安市雁塔区王家村村民自建民房内给电动自行车充电，电气故障引发火灾，造成 4 人死亡、13 人受伤。

2019 年 3 月，广西壮族自治区南宁市兴宁区某小区车棚发生火灾。据初步估算，共有 300 余辆电动自行车被烧毁，20 余辆汽车不同程度受损。

小知识

电动车充电器保护

电动车充电器保护是专门为电动自行车的电池配置的一个充电设备。开关电源式充电器的正确操作是：充电时，先插电池，后加市电；充足后，先切断市电，后拔电池插头。如果在充电时先拔电池插头，特别是充电电流大（红灯）时，非常容易损坏充电器。

小贴士

电动车辆很便利，火灾预防要重视；

切记不要楼道停，一旦起火危害大；

车辆状态定期查，线路老化隐患大；
充电电池有寿命，定期更换重视它；
充电过程有危险，易燃物品远离它；
充电时间有规定，八个小时为最佳；
充电方式要遵守，私拉电线会受罚；
暴晒淋雨禁充电，幸福安全千万家。

问题43. 哪些原因会引起电视机起火?

进入七月份，全国大部分地区除了天气变得炎热外，雨水也随之多了起来，南方普降暴雨，多地出现洪涝灾害，北方的“烧烤模式”与“桑拿模式”轮番上演。闷热潮湿的气候，家电也很容易“感冒”，时不时地要点小性子“闹罢工”。近期，全国各地出现多起电视机着火事故，情形都十分相似：电视才打开几分钟，就出现了异响、冒烟，随之起火，甚至发生爆炸。据调查，电视出现事故并不是由于超出使用年限或使用不当，而是由于很多环境因素，如潮湿、局部环境过热等造成的。

1. 电路板元件受潮起火

电路板元件受潮起火，可能会引发漏电、导致火灾，威胁人身财产安全。为什么会这样呢？这是家电内部的电路板受潮和线路氧化造成的。凡是带电的，都怕潮！湿气会逐渐侵蚀电路板上的金属部分，产生的锈蚀会增大电阻，导致接触不良，影响各个元件的正常工作。另外，电路板线路上积累的细小水汽也可能会导致局部短路、漏电，甚至引起火灾。还有，电器内部电路板上积存的灰尘，吸收潮湿空气中的水分后成为导体，造成短路，引发事故。

2. 电视机机内温度过高起火

电视机不要放在柜中，如果要放在柜中，其柜应多开些孔洞（尤其是在电视机散热孔相应部位），以利通风散热。电视机不要靠近火炉、暖气管道，其后盖距离墙面等应在10厘米以上。如果电视机所在的环境通风不良，长时间工作的电视机产生过多的热量，没有办法散发，机内的温度过高，进而起火。这是由于电视机在工作的时候变压器、显像管、电子管、晶体管等好多元件都能放出大量的热，这些热量积聚在电视机内引起温度升高。因此，电视机最好摆放在通风良好的位置，尤其是在夏季的时候，电视机的绝缘性能变差，导致各种元件温度过高，发生短路，引起火灾事故。

3. 电视机在雷雨天气下起火

电视机在雷雨天气下工作或者电视插头没有拔掉，也可能会因雷击而起火。雷雨天气，尽量不要看电视。平时要养成看完电视拔掉插头的习惯，特别是在雷雨较多的夏季，这对于防雷击也是最有效的。另外，装有室外天线的居民要注意自己的天线是否采取了避雷措施。

4. 电视机变压器起火

变压器起火通常是由于用户收看电视节目时间过长或室内温度较高，电视机热量不易散发出去，或者看完电视后没有拔下电视机电源插头，一部分电视机的变压器会发热，时间一长，温度升高引起的。全国各地有很多因插头没拔而引发火灾的案例。很多人以为不用电器后关掉电源就没事了，不用太在意插头。其实不然，插头在插座上，电器就处在一种充电模式下，电器内也会有电流流动，因此很容易引发火灾。

小知识

如何让电视机防潮

潮湿的季节里，电视机最有效的防潮方法就是一个字——用！确保电视机每天至少运行 2 ~ 3 小时，通过机器自身发热来驱散内部潮气。除此之外，最好为电视机配备一块合适的盖布，待看完电视机，机器完全冷却之后，将盖布盖上，防尘防潮效果非常好，还能起到美观装饰的作用。

电视机受潮应该如何做？——首先，确保电视机电源关闭；然后，将吹风机调至热风挡，对电视机的后壳散热孔吹一段时间，把里面的水汽吹干；最后，待电视机自然冷却，就可以通电使用了。这里需要注意的是，吹风前先用干布将电视机后壳表面的灰尘擦干净，避免被吹风机吹进电视机内部。

问题 44. 冰箱会起火吗?

冰箱的功能就是制冷，温度很低，很多人都想不到冰箱会着火。然而老王家就发生了这样一件怪事，家中的冰箱不但不制冷，还差点儿把他们家变成了一片火海。冰箱为什么会起火呢?

1. 冰箱起火的原因

冰箱起火主要有 4 种原因：

——压缩机接线盒温度过高。

压缩机接线盒是压缩机的通电装置，也是整个冰箱电流量最大的地方。如果接线盒老化受损可能造成线路连接不实、接触不良导致接触电阻增大，从而在电流通过时分担过高的电压。如果接线盒温度持续升高，热量积累可能引燃电路板或与之接触的可燃物。

——电压瞬间过高。

如果家中的用电环境存在问题，电压忽高忽低，就会在瞬间造成部分电路过载、温度较高。电路板温度太高，也会引起冰箱起火。

——电线短路。

电线短路会产生火花，从而点燃机器的塑料部分，引起燃烧。电线短路的原因主要是老鼠进入冰箱内部，咬断电线；而压缩机周围是蟑螂容易聚集的地方，也有造成电线短路的隐患。

——温控器失灵。

冰箱制冷时按照一定周期进行循环，工作一段时间箱体温度达到设定温度的时候，就会自动停止工作。温控器主要使用氟来进行控制，漏氟造成温控器失灵后，冰箱无法停止工作，冷冻室不停制冷，冷凝器不断散热。而冷凝器利用管道向外散热，散热管道和冰箱箱体连接在一起，如果管道内积累的热量过多，也能引发冰箱着火。

使用冰箱时应选购正规的插座，并将插头插牢；不能在冰箱旁使用喷漆等易燃物；保持电源线远离冰箱背面温度较高的机械部分，以防烧坏电源线，造成短路或漏电。

2. 冰箱爆炸的原因

不只是起火，如果使用不当，冰箱也会爆炸！关于冰箱爆炸的事故，并不少见。导致冰箱爆炸的原因有：

（1）制冷剂泄漏。常见的冰箱制冷剂有 R12（二氯二氟甲烷：不燃烧，破坏臭氧层，产生温室效应）、R22（二氟一氯甲烷：不燃烧，破坏臭氧层）、R134a（四氟乙烷：不燃烧）、R600a（异丁烷：可燃）。

（2）储存物品不当。储存易燃、易挥发物品，例如，日常生活中常见的易燃、易挥发物品有酒精、白酒、汽油等，这些物品放入冰箱都有爆炸的危险。储存干冰，家用冰箱内的温度一般不低于零下30摄氏度，而干冰升华温度为零下78.5摄氏度，于是干冰便升华成二氧化碳，体积扩大了600倍之多，致使冰箱内的气压骤增而引发爆炸。

3. 冰箱防火要点

——启用新冰箱时，要抽掉冰箱下的包装材料，如发泡塑料、纸板等。

——电源线插头与插座间的连接要紧密，接地线的安装要符合要求，切勿将接地线接在天然气管道上。

——冰箱工作时，不要连续地切断和接通电源。断电后，至少要过5分钟才可重新启动。

——防止冰箱的电源线与压缩机、冷凝器接触。

——保证冰箱后部散热栅要干燥通风，切勿在冰箱后面塞满可燃物。

——冰箱电气控制装备失灵时，要立即停机检查修理。

——不要用水冲洗冰箱，防止温控器进水受潮。

——不可将汽油、酒精、胶黏剂等易燃、易爆物品和危险化学物品放入冰箱。

——到期更换冰箱，冰箱的使用年限一般为10～15年。

案例：冰箱也会爆炸

2014年7月29日，湖北省丹江口市一村民家中冰箱爆炸后起火，整栋房屋被烧毁。

2014年4月4日，龙岩市武平县的钟女士忽然听到“砰”的一声巨响，随后飘来一股烧焦味，原来是家中的冰箱爆炸了！

2014年7月4日，江苏省盐城市建湖县高作镇一家电维修店内，正在维修的冰箱突然爆炸，修理工被炸身亡。

小知识

冰箱的温控器与压缩机

冰箱的温控器是根据冰箱使用的温度要求，在一定的温差范围内，对制冷压缩机的开和关进行自动控制，使冰箱内的温度保持在给定值范围。一般的冰箱温控器安装在冰箱最上层顶部，如果你的冰箱是电脑版的，那么冰箱温控器就在冰箱的面板上，如果是机械版的，冰箱的温控器就在冷藏室里边。

冰箱的压缩机：冰箱是保持恒定低温的一种制冷设备，也是一种使食物或其他物品保持恒定低温冷态的民用产品。压缩机制冷是利用物态变化过程中的吸热现象，气液循环，不断地吸热和放热，以达到制冷的目的。其具体过程是：通电后压缩机工作，将蒸发器内已吸热的低压、低温气态制冷剂吸入，经压缩后，形成高压、高温蒸气，进入冷凝器。由于毛细管的节流，压力急剧降低。因蒸发器内压力低于冷凝器压力，液态制冷剂就立即沸腾蒸发，吸收箱内的热量变成低压、低温的蒸气，再次被压缩机吸入。如此不断循环，将冰箱内部热量不断地转移到箱外。

问题45. 什么情况下洗衣机会起火？

洗衣机工作时桶内有水，也会起火吗？有人认为洗衣机是使用水的物件，正所谓水火不相容，怎么也不至于爆炸起火吧！老王想起了邻居家前些天发生的一件事。何大娘一家当时都在吃饭，突然闻到一股烧焦味，才发现是阁楼上面失火了，于是他们一家人立即跑上阁楼实施自救，发现洗衣机着了火。据说，当时洗衣机正在运行。事后大家都说，何大娘的节俭是出名的，去年儿子给她买了洗衣机，每次何大娘洗衣服时都把洗衣机装得满满的，可能正是因为洗衣机内放置的衣服太多，所以电机超负荷而造成火灾的。近年来洗衣机事故频发，若使用不当的话，那么是会引起火灾、酿成大祸的。洗衣机起火，简单来说就是五个原因引起的。

1. 电机线圈受潮绝缘损坏

电机是洗衣机最主要的部件，当电机线圈受潮、绝缘电阻降低时，会发生漏电，轻则人在洗衣服时用手接触水感到手麻，重则会使线圈冒烟起火。因此，洗衣机用后应擦干桶内水分，并开盖放置一段时间；另外，洗衣机应长期摆放在通风处，防止受潮。

2. 超负荷工作烧毁电机

洗衣机一次能够清洗的衣服重量是一定的，要严格遵守使用说明。如果衣服加得太多，洗衣机负荷过大，使电机超负荷运转，可能烧毁电机，烧着电机导线和传动轮，从而着火。另外，当衣服加得太多，波轮被卡住，电机停转时，线圈电流增大，也会发热引起火灾。

3. 短路引发火灾

洗衣机短路引发火灾的情况有很多。一是洗衣机桶内的水和洗涤剂外溢，可能导致洗衣机电器系统绝缘性能被破坏，从而引起短路或击穿而着火；二是如果放在卫生间，洗衣机插座切记加盖，加上防水盖可防止洗澡水溅入插座，从而导致短路。如果地漏排水慢，洗衣服的时候整个洗衣机底部都会被泡在水里，这样很容易造成洗衣机底部进水，从而短路，从而引发火灾；三是定时清洗洗衣机，如果长时间不清洗洗衣机就会发生不下水的情况，因为此时洗衣机的内缸外壁已经被污垢堵满了，洗衣机其实就是个水缸，底部全是水。电路元件长期浸泡在水里，特容易发生短路，引发火灾。有时候洗衣机被污垢卡住没有转动，但是电机还在工作，也容易发生事故。

4. 用汽油之类的易燃品洗衣物上的斑渍

如果用了极易挥发的汽油、酒精、香蕉水之类的易燃品洗衣物上的斑渍，这些易燃品在高速旋转的水缸中与空气充分混合，形成一定浓度的混合气体，碰到洗衣机元件运转时摩擦产生的静电火花，便能导致洗衣机爆炸起火。因此，严禁将沾有汽油等易燃液体的衣服立即放入洗衣机内洗涤。更不能为除去油污，向洗衣机内倒汽油。

5. 电源电压不稳引发火灾

洗衣机额定工作电压是220伏，当电源电压低于198伏时，线圈电流会增大，导致线圈发热，引起火灾。

小知识

你知道洗衣机的三大危险操作吗

触电危险——我们在用洗衣机洗衣服时，手经常会接触水，许多人在插拔电源时懒得擦干手，这种情况下如果直接插拔电源，很容易触电。

爆炸危险——洗涤含有溶剂的衣物，易产生爆炸危险。

烫伤危险——高温洗涤时，洗衣机舱门玻璃会很烫，易产生烫伤危险；当机器排出热水时，小心烫伤。

问题 46. 使用空调要注意哪些防火措施?

夏季温度越来越高，这时候各家各户的空调也忙碌起来了。空调给人带来美好的享受，冬暖夏凉。但是，由于安装或使用空调不当，引发火灾或者爆炸的事故也层出不穷。

1. 空调起火的原因

——空调“超长服役”。空调壁挂机如果使用 5 年以上，空调内机里面的线路或会出现老化、绝缘层被破坏，从而漏电。空调运转会产生高温，或产生火花，进而自燃。

——电容器受潮。空调电容器一旦受潮，绝缘性能就会降低，可能导致击穿故障，引燃空调机内可燃材料造成起火。

——断电后瞬间通电。空调压缩机内过大的气压会使电动机启动困难，此时产生的大电流可能造成电路起火。

——空调长时间开机。空调长时间开机会让压缩机的负荷增大，从而烧毁外机，引起自燃事故。

——离心风扇被卡。这种情况下，空调的风扇电机温度会上升，容易因过热引发短路，造成自燃。

——制热时突然停机 / 停电。空调制热时，如果突发停机或停电故障，电热元件的余热聚积，使周围温度上升，可能引起自燃。

2. 使用空调防火要点

——长时间停用的空调在重新使用前，应进行一次检查保养，如无故障再使用，千万不能“带病”工作。

——空调不要直接安装在可燃物上，也不要直接安装在可燃的地板上或地毯上，电源线应有良好的绝缘，最好有金属套管保护，不要放在地上拖来拖去。

——每台空调应该有单独的保险熔断器和电源插座，不要与其他家用电器共用插座。外出时，应该将空调电源切断。

——不要短时间内连续切断、接通空调的电源。当停电或拔掉电源插头后，一定要选择开关置于“停”的位置，等接通电源后，重新按启动操作空调。

——空调不要靠近窗帘、门帘等悬挂物，以免卷入电机而使电机发热起火。悬挂式空调下方最好也不要放置可燃物。

——遇到雷雨天气时，最好不要使用空调，大多数空调没有防雷功能。

——空调应定时保养，定时清洗过滤网、换热器，擦除灰尘，防止换热器堵塞，避免火灾隐患。

小知识

空调过滤网的维护

空调过滤网为凹凸式蜂巢结构，可广泛应用于空气过滤、污水过滤系统，在纺丝阶段将抗菌剂（DEP）和防霉剂（TBZ）

直接掺入 PP 树脂原料当中，使生产的过滤网达到了抗菌防霉功效，如图 2-11 所示。

图 2-11　空调过滤网

如何清洗空调过滤网？——拆下空调过滤网后，轻轻拍弹或使用电动吸尘器除尘。如果过滤网积尘过多，可用水漂洗或软刷蘸中性洗涤剂清洗，但清洗时水温不得超过 50 摄氏度，不能用洗衣粉、洗洁精、汽油、香蕉水等，以免过滤网变形。此外，不要用海绵清洁，否则会损坏过滤网表面。用清水冲洗干净后，用软布擦干或放阴凉处吹干，千万不要在阳光下暴晒或在火炉等明火处烘干，以免过滤网变形。

问题 47．微波炉、电烤箱使用时如何防火防爆？

在快节奏的工作时代，微波炉和电烤箱成为家庭和单位必备的快速加热和做饭的好帮手，但是，两位“小厨师”偶尔会给没有任何防备的使用者带来危险和伤害。

1. 微波炉和电烤箱的火灾危险

（1）微波炉加热可能引发爆炸或火灾的情况。微波是一种电磁波，能穿透食物达5厘米深，并使食物中的水分子也随之运动，食物分子在高频磁场中发生震动，分子间相互碰撞、摩擦而产生热能，于是食物就熟了。微波可以穿过玻璃、陶瓷、塑料等绝缘材料，但不会消耗能量；而含有水分的食物，微波不但不能透过，其能量反而会被吸收，但是，微波一碰到金属就会发生反射，金属根本没有办法吸收或传导它。微波炉加热与炉灶蒸煮加热食物不同的是，热量不是从外部逐渐进入食物内部的，而是均匀直达食物内部。基于微波加热的这些特点，以下情况不能使用微波炉加热，否则有发生爆炸和火灾的危险。

——外壳密封的蛋类食物，如鸡蛋、鸭蛋、鹅蛋、鹌鹑蛋等；

——有外皮包裹的浆果，如葡萄、西红柿等；

——任何金属材质的物品，如不锈钢餐具、包裹锡纸的食物、带有锡纸内衬的盒装牛奶；

——不放食物，长时间空转加热。

（2）电烤箱加热可能引发火灾的情况。电烤箱是通过内部的镍铬合金或铁铬合金电阻丝直接通电或者采用红外线进行热辐射加热和烘烤食物的设备。电烤箱加热的风险是加热低燃点物品，例如带有纸质包装的食物；再者为电烤箱定时装置故障后，长时间加热，无人看守，使得食物焦煳而起火。

2. 微波炉和电烤箱的防火防爆要点

——加热食物的时候不能用封闭容器盛装，因为微波炉内压力较高，热量不易散发，易引起爆炸导致火灾。

——油炸食品不宜用微波炉、电烤箱烹饪，以免高温油飞溅造成炉内起火。

——带壳的鸡蛋、有密封包装的食品不能直接放入微波炉、电烤箱，以免引起爆炸。

——要保持微波炉、电烤箱的清洁，在断开电源后，可使用湿布和中性洗涤剂擦拭，不能用水直接冲洗。

——使用微波炉或电烤箱等加热设备时，要有人看守，发现异常及时处置。

问题 48. 如何防止汽车自燃?

一辆汽车价格不菲，为了保护好爱车，平时需要悉心维护，防患于未然。大多数情况下，汽车自燃是因为平时缺乏保养，或是人为乱改了线路。那么，我们该怎样预防汽车自燃呢?

1. 不要轻易改装

很多车主对出租车或私家车自行“油改汽”，还有的为了使车子更加舒适，还会加配高档音响等，这都容易出现乱引电线。据了解，在没有任何征兆的情况下，汽车突然自燃，大多是线路故障引起的。而人为对线路的随意改装引发火灾，占了汽车着火的相当一部分。在维修或加装、改装车内配置时，应找专业人员完成，充分考虑线路功率问题，负荷大的线路应加保险丝，易摩擦处应有效固定，不将车体内的电线暴露在外，避免电路短路造成自燃。

2. 对油路进行重点检查

车主对车辆日常的检查也很重要，这点千万不能忽视，要检查燃油油管、制动液油管和动力转向油管的密封性，如果发现这些油管有渗漏现象要及时处理。尤其油路中的胶管接头，是最容易老化开裂的部位，若使用时间过长，应及时更换，避免燃油泄漏导致火灾发生。

3. 定期检查汽车线路

检查车辆的高、低压线路是否老化、破裂，插头是否松动，蓄电池是否处在正常工作状态，线路固定是否可靠。避免电路短路造成自燃。

4. 车内不放易燃易爆品

车内不放危险品，气体打火机、空气清新剂、香水、摩丝等易燃易爆的危险物品应该远离车辆。之前曾经出现过由于车内物品爆炸造成的自燃事故。更不要将汽油、柴油等放置在车内。

5. 停在阴凉处

有条件的情况下，我们可以将车辆停放在车库或是阴凉处，并且不要直晒太阳，可采用遮阳帘等降温小物件。避免车辆在没有启动时就已经温度很高，存在安全隐患。

6. 避免长时间驾驶

避免长时间驾驶，否则会导致车辆长期发热，温度过高。如果路途遥远，建议增加休息次数，不但能缓解驾驶员的疲劳感，也能让车辆得到“喘息的机会”，降降温，不仅发动机能歇一会儿，车辆的其他部件也能进行“修整”。

7. 添加燃油时，不可加注过满

通常加油跳枪后，油箱都能留出5% ~ 7%的膨胀空间，如果油箱加得太满（从油箱口就能看到燃油），没有膨胀空间，则车辆运行时的温度和环境温度过高会导致燃油受热膨胀后从油箱口溢出，此时遇上静电就会引发汽车自燃。

8. 停车最好停在干净（没有易燃物）的地面上

汽车底盘下的排气管是个产生高温的部件，汽车正常工作时排气管的温度很高，特别是三元催化器位置的温度更高，如果再加上夏季里散热困难的问题，即使在正常行驶后停车怠速，排气管的温度也会达到 800 摄氏度甚至更高。因此，在停车时要注意地面是否有易燃物。如果夏季正常行驶后将车停到了有干草、油漆或其他易燃物的路面上，高温的排气管可能就会将这些易燃物引燃，虽然这类事故发生的概率很小，但还是要注意选择干净的地面停放。

问题 49. 如何安全使用电热毯?

立冬过后，无论是北方寒冷的气候，还是南方潮湿的气候，都可能需要使用到电热毯这种实用的东西。把它铺在床上，打开电源，不一会儿就能感受到暖流布满整张床了。特别是年老体弱者，在天气寒冷时都喜欢使用电热毯，然而，电热毯在使用的时候还是存在安全隐患的，必须注意使用安全。以下是电热毯使用过程需要注意的事项。

1. 不能购买三无产品

质量低劣、没有合格证、安全措施无保证或自制的电热毯不能使用，必须到正规的商场购买带有“3C 认证标志”的品牌电热毯。最好选用有指示灯和保护装置的电热毯，这样，便于用户观察电热毯是否处于通电状态，若发生短路等事故也能迅速自动切断电源。

2. 不可长时间使用

正确使用电热毯的方式是在睡觉前打开预热，等到真正要入睡的时候就把电热毯给关掉，这样是比较安全的。有些人因为比较怕冷，就会把电热毯开一整晚，这是一种不妥当的做法。因为，电热毯连续通电时间过长，热量积累可能引发起火，即使具有恒温保护装置，也可能存在不可靠的情况，睡梦中床上起火会威胁生命安全。

3. 不能无人看管

电热毯通电后，人不得远离，并注意观察有无异常情况，等到床铺预热后，立即关闭电源开关，并且拔掉插头。如临时停电，应断开电路，以防来电时无人看管造成火灾。

4. 不能折叠使用

在使用过程中，如果电热毯出现折叠，容易发生短路，瞬间产生的高温会将电热毯引燃，继而引发火灾。避免电热毯与人体接触，且不能在电热毯上只铺一层床单，以防人体的翻滚使电热毯堆集打褶，导致局部过热或电线损坏，发生火灾事故。

5. 不可在电热毯上堆放重物

电热毯加热时不要堆放厚重的被子，如果电热毯内部线路有问题引起电热毯出现温度过高的情况，也可能会造成失火事故。

6. 不能刺穿电热毯

有些人担心电热毯铺在床上会滑落，往往随手拿起一个尖锐的东西或者金属物加以固定，这是不安全的。不能将电热毯放置在有任何尖锐突起的金属物或硬物上使用，以免损坏电热毯的绝缘材料，引发漏电或者失火事故。

7. 不能靠近火种

电热毯上面不要放置火种，如火柴、打火机等都要远离电热毯，以免加热后起火。使用电热毯时不可在床上吸烟。

8. 不能受潮

使用电热毯时要注意防潮，特别要防止小孩或病人尿床，导致短路而引发火灾。

9. 不能超期使用

电热毯也是有寿命的。很多人喜欢将电热毯用到它不能工作为止，其实电热毯使用过久也会存在安全隐患，可能会由于电路老化造成失火事故。电热毯的平均使用寿命为 5 年左右，及时更换电热毯，是很有必要的。

问题 50. 使用电暖器取暖要注意哪些防火安全？

我国大部分南方地区不采用集中供暖，然而在供暖分界纬度附近的地区冬季阴冷潮湿，很多家庭选用空调或电暖器取暖；北方在供暖期到来之前往往也有半个月左右的严寒期，一些怕冷的人也会选择电暖器过渡。然而，人们在使用电暖器取暖时，往往忽视或不知道电暖器如何使用更安全而导致火灾。据消防部门发布的火灾数据，2019 年 11 月份全国共发生火灾 1.43 万起，其中用电引发的火灾占到三成多，生活用火不慎引发的火灾近两成，有些就是因为使用电取暖设备不当造成的。

电暖器防火要点

居民在使用电暖器时会存在一些误区或者是疏于管理，了解和掌握电暖器的正确使用方法，能够在使用时更有安全保障。

——选择质量有保障的产品。购买电暖器的时候，最好选择带有“3C 认证标志”的产品，更好保障人身安全。

——保持一定的取暖距离。电暖器的温度随着使用时间增加会升高，有的人喜欢把自己的手或者身体靠着电暖器来取暖，这是一个很危险的举动，因为这样很容易烫伤皮肤，建议将电暖器放在不易碰触的地方，如墙角或靠墙处，背面离墙20厘米左右，并远离窗帘、被褥等易燃物品。

——不做烘干衣物使用。不要在电暖器的表面覆盖任何物品烘干。

——开关逐级放大。一些质量较好的产品在开关处都会有绝缘的保护胶盖，以防有漏电的危险，在连接上电源后，建议先开到最低挡，因为这个时候机体刚刚预热，如果一下子开到最高挡，对机体有损伤，而且过强的电流冲击，也可能造成危险。要注意的是，在不使用时，一定要关闭开关，先关闭机体上的功率开关，再拔掉电源，这样可以减少危险。

——不宜昼夜不间断使用。不要长时间连续使用电暖器取暖，防止其线路过热或电线老化引起短路。

——注意防水。很多人洗澡的时候比较怕冷，特别是冬季的时候很多人会把电暖器拿到浴室里面，但是这样有一定危险，要注意电暖器不要进水，避免出现电暖器短路的情况，一旦漏电有触电危险。

——保持通风。电暖器分耗氧型与不耗氧型两类。灯管式、陶瓷式属于耗氧型，使用时不通风，易造成缺氧或一氧化碳中毒；叶片式、电热膜式等虽属于不耗氧型，但也尽量不要在完全密闭的空间使用。建议使用电暖器时，门窗留些空隙。

案例：电暖器火灾危险大

2018年12月，苏州市消防支队常熟大队接到119指挥中心调度命令，位于常熟市引线街言子桥一居民房发生火灾，情况十分紧急。接到调度命令后，大队迅速调派虞山中队3辆消防车15名消防队员赶赴现场处置。中队消防队员到达现场后，发现该居民房卧室着火，火势处于猛烈燃烧阶段，并迅速蔓延。了解情况后，中队指挥员立即命令一组队员负责现场警戒工作，一组队员出2支水枪扑救大火。经过全体消防队员约30分钟的奋力扑救，大火被完全扑灭。经询问报警人得知，就是长时间使用电暖器引燃可燃物引发了火灾。

2018年11月，苏州市支队消防支队接到119指挥中心调度命令，位于吴中区一居民房发生火灾，急需救助。接到调度命令后，支队迅速调派消防员赶赴现场处置。消防队员到达现场后，发现该居民房浴室起火，火势处于燃烧阶段，经过全体消防队员约20分钟的奋力扑救，大火被完全扑灭。经询问户主得知，起火原因为浴霸电气线路短路。

小知识

常见电暖器类型

电暖器，以电能为主要能源，使用电阻加热、感应加热、电弧加热、电子束加热、红外线加热和介质加热等方式，通过直接接触、暖风对流、远红外线辐射等途径为人体供暖。电暖器的类型有：

——PTC（正的温度系数）电暖器。PTC是一种陶瓷电热元件的简称。它利用风机吹动空气流经PTC电热元件强迫对流，以此为主要热交换方式。其内部装有限温器，当风口被风机堵塞时，可自行断电。PTC电热元件一般都具有防水功能，所以适合在浴室使用，浴霸就属于此类电暖器。

——对流式电暖器。这种电暖器罩壳上方为出气口，下方为进气口，通电后电热管周围的空气被加热上升，从出气口流出，而周围的冷空气从进气口进入补充。如此反复循环，使室内温度得以提高。当进、出气口被堵塞或环境温度过高时，温控元件会自动切断电热管电源。这种电暖器使用功率在800瓦左右，可通过增减电热管的接通数量来调节功率。该电暖器的安全性能较高，运行安静，缺点是升温缓慢。

——电热汀电暖器，又叫充油式电暖器。这种电暖器体内充有新型导热油，当接通电源后，电热管周围的导热油被加热，然后沿着电热管或散热片将热量散发出去。

——远红外电暖器，又叫石英管电暖器。利用远红外石英管加热，传热方式为热辐射，穿透力强但热量不易扩散，且热效率低、有明火，消耗氧气，由于技术落后，这种产品在市场上已不多见。

——电热膜式电暖器。电热膜式电暖器的高效电热膜发热，热效高，更加节能节电。较远红外石英管加热速度更快，使冬季家里环境更加舒适，部分产品独有的万向跌倒开关设计，更加贴心，使用更加安全。

——碳纤维电暖器。碳纤维电暖器是依靠导热性能良好的碳纤维作为两端发热器的散热导体，能够起到迅速加热的效果，而且由于碳的绝缘特性，该电暖器还能在浴室使用。

分析近年来的居民住宅火灾案例发现，有很大一部分令人倍感遗憾的火灾是生活中用火不慎、疏忽大意或过于自信造成的。这些事故发生前，如果当事人能小心谨慎做好防范，是完全可以避免的，然而，事故发生了就再没有如果。下面介绍一些居民日常生活中因小错误酿成的大灾难，引以为戒。

问题 51. 使用蚊香要注意什么？

蚊香是夏季防蚊虫的必备品，通过燃烧或加热蚊香，将蚊香中的杀虫剂，如除虫菊酯类，通过热气蒸发出。蚊香虽然没有火焰，但很容易引发火灾。

1. 蚊香引发火灾的原因

燃烧型蚊香主要由粘木粉、木炭粉和杀虫药物组成，点燃后只有一个很小的燃烧点，但它能持续燃烧而不熄灭，这种阴燃的特性和香烟差不多。虽然无明火，但却有着不小的安全隐患。蚊香燃烧时，火点最高温度可达 700 ~ 800 摄氏度，火点周围 1 厘米处可达 130 摄氏度的高温，足可将着火点低的蚊帐、棉布、海绵、衣服、纸张等可燃物引燃，酿成火灾。

2. 燃烧型蚊香防火要点

在使用蚊香驱蚊过程中要想到消防安全，避免火灾发生。

——要把蚊香固定在专用的铁架上，最好把铁架放置在瓷盘或金属器皿内，同时注意不要靠近窗帘、蚊帐、床单等可燃物，以防止床上或衣柜上悬挂的衣服、床单落到蚊香上。

——在使用电风扇时要特别注意不要将风对着蚊香直吹，既要防止火星被风吹散，又要防止衣物等可燃物被风吹落到蚊香上。

——临睡前，应检查一下蚊香，确保安全后，再去睡觉。外出时，一定要保证蚊香熄灭，在灭掉蚊香时要仔细，最好能用凉水冲一下蚊香头，以免留下隐患。

——室内有易燃液体（汽油、酒精等）和可燃气体时，不宜在室内点燃蚊香。

3. 电加热蚊香器防火要点

电加热蚊香器使用PTC加热片制热，不是使用电热丝。PTC相当于一个温控可变电阻，温度较低时，阻值较小，电流较大，所以，可以快速制热，当温度达到居里点的时候，PTC阻值急剧增大，电流降低，发热量减小，如此反复，使PTC的温度始终维持在一定范围内。正常情况下，电加热蚊香器的温度在100摄氏度以下，比开水温度还低，安全性很高，但如果长时间使用不断电，或插头与插座接触不良时，电加热蚊香器出现短路、恒温加热片元件故障失灵，温度持续升高易烤燃周围的易燃物，发生燃烧。因此，电加热蚊香器在晚间使用时，周围要远离可燃物，且白天要及时断电。

问题52. 吸烟要注意哪些防火事项?

根据世界卫生组织《烟草控制框架公约》的要求，自2011年1月起，我国室内公共场所、室内工作场所、公共交通工具和其他可能的室外工作场所完全禁止吸烟。虽然在家里吸烟不受限制，人们可以随意吸烟，但是由于烟头的温度较高，吸烟也要有防火意识。

——躺在床上或沙发上吸烟，特别在醉酒、过度疲劳的时候，往往一支烟没吸完，人已入睡，若燃烧着的烟头掉落在被褥、蚊帐、衣服、沙发等可燃物上会引起火灾。因此，不要躺在床上或沙发上吸烟，特别是在醉酒或过度疲劳时，更要杜绝。

——如果将燃着的烟随手放在桌子、窗台边上，人离开时烟火未熄灭，那么烟头与纸张、桌布、窗帘等易燃物接触会引发火灾。因此，不要把点着的香烟随手乱放。

——一边叼着香烟，一边做事，烟头或者未完全烧尽的烟灰落在物体上，引起可燃物起火。因此，在家庭作坊、田间大棚、山林草丛等地方劳作时，禁止吸烟。

——维修汽车和清洗机器时切勿吸烟。这些作业大多接触汽油或其他可燃液体，吸烟容易引起火灾，甚至发生爆炸。

——严禁在禁烟场所吸烟，特别是在生产、储存、使用、运输易燃易爆化学危险品的地方违规吸烟，更容易造成火灾和爆炸事故。因此，切勿在严禁烟火的地方吸烟！

问题 53. 使用蜡烛要采取哪些防火措施？

蜡烛曾是没有电灯时夜间主要的照明工具，在当代则是偶尔停电时的替代照明物品，或是营造节日浪漫气氛或是祭祀使用的工具。蜡烛作为一种可以移动的火焰火源，稍有一点不当心，就可能烧熔或者倒下，遇可燃物容易引起火灾。使用蜡烛时应注意以下事项：

——点燃的蜡烛应放在专用的烛台上，防止使用过程中倒下；

——使用蜡烛时不能靠近窗帘、蚊帐等可燃物；

——在床底、阁楼处找东西时，尽可能不要用蜡烛等明火照明；

——不要用蜡烛等明火检查天然气、煤气、液化气是否漏气；

——使用蜡烛做到人离开或睡觉时将其熄灭；

——家中的蜡烛要放在孩子取不到的地方，教育孩子不要点燃蜡烛玩火。

案例：蜡烛使用不当致灾

2011 年 8 月 5 日，王某 7 岁的儿子拿着点燃的蜡烛在卧室内寻找玩具，不慎引发火灾。大火引燃了周围 7 户人家，最终造成直接财产损失近 114.9 万元。

2015 年，王某给男朋友过生日，为了营造气氛，为男友制作浪漫的烛光晚餐而点燃蜡烛。事后，王某未能将燃烧的蜡烛熄灭，引发一场火灾，造成邻居 4 人一氧化碳中毒死亡的悲剧。

2016 年 5 月 31 日，浙江省湖州市的张某为在恋爱一周年纪念日给女友惊喜，在酒店房间里点燃 8 根蜡烛摆成心形，不想惊喜变惊吓，蜡烛点燃地毯引起火灾。经警方调查，张某当天中午在酒店开房，约 14 时，他在房间过道的地毯上点燃 8 根蜡烛，在蜡烛燃烧的状态下离开房间去接女友，后因蜡烛烧尽，点燃地毯及周围可燃物，造成火灾。起火时，张某与女友没有返回房间。事故造成这间房间几乎被烧毁，还有 8 间房间不同程度受损。

2019 年 4 月 7 日，西安市某家属院六层一住户家，因在厨房内点燃蜡烛祭祀，没等到蜡烛熄灭就出门了，造成厨房起火。所幸未造成人员伤亡。

2019 年 5 月 17 日，江苏省徐州市一对新人，在新婚夜按照当地习俗在床头点燃蜡烛，结果不慎引发火灾，婚房被严重烧毁，所幸未造成人员伤亡。

问题 54. 生活中有哪些日用品具有火灾和爆炸危险?

日常生活中，大家都知道电器老化以及使用不当会引发火灾，但是以下这些家庭常用的生活日用品，看似无害安全好用，但若存放和使用不遵照安全使用须知，就有可能成为引发火灾或爆炸的危险品。

1. 花露水

花露水的主要成分是酒精，且酒精含量一般在 70% 以上，比高度白酒的酒精含量都高。此外，花露水的燃点很低，一般约 24 摄氏度，相距火源 1 米以内就有被点燃的危险。故涂抹花露水后不要靠近明火，不要开天然气做饭。夏日高温时，不要在车内放花露水，不要在电蚊香旁喷洒花露水。

2. 灭蚊剂

灭蚊剂含有苯、甲醇等成分，属于液体压缩物，受热、受剧烈震动会爆炸。故要远离火源、电源，避免剧烈摇晃；放在阴暗处保存，避免高温暴晒，勿在 50 摄氏度以上的环境存放。

3. 化妆品、香水、指甲油

化妆品、香水除含有一些有效成分外，还包含酒精等助溶剂，易燃烧、易挥发。指甲油又称为甲漆，原料主要是甲苯、树脂和硝化棉等，成品含 70% ~ 80% 的易挥发溶剂。其中硝化棉在空气中易自燃。

4. 摩丝

摩丝是一种喷发剂，主要成分为树脂、酒精，还包含丙烷、丁烷等推动剂，这些成分均是易燃易爆化合物，使摩丝成为有爆炸危险的小型压力容器，如接近热源会发生爆炸，引起火灾。故使用时远离火源、电源，避免摔砸、与硬物碰撞和日光直晒。

5. 鱼缸

玻璃材质的鱼缸和放大镜一样具有聚光能力，在阳光照射下会形成聚光点，达到一定温度时，光能转化为热能，如果鱼缸的位置摆放不当会成为家庭隐患。夏天阳光猛烈，鱼缸最好不要放在窗台上，否则容易引燃窗帘或附近物品，导致火灾发生。

6. 空气清新剂

空气清新剂属于液体压缩物，含有乙醇、丙烷等成分，在阳光直射、高温环境和其他外力作用下，盒内压力偏高，可能导致爆炸起火。空气清新剂应远离火源，储存于阴凉、通风的地方；在密闭的车厢内，空气清新剂被阳光长时间直射后可能爆炸起火。

7. 酒精和 84 消毒液

酒精的主要成分是乙醇，是医学上常用的消毒剂之一，是最广泛使用的消毒剂。最常用于无损伤皮肤的消毒和物体表面的清洁消毒。80% 浓度的酒精的闪点大概在 18 摄氏度左右，由于酒精属于易燃品，在使用、运输、储存过程中应该十分注意，禁止接触明火。

84 消毒液是一种高效消毒剂，主要成分为次氯酸钠（NaClO），可广泛用于宾馆、医院、食品加工行业、家庭等进行卫生消毒。次氯酸钠非常不稳定，具有强氧化性，属于易燃易爆的乙类火灾危险性物品。其见光分解，遇水生成次氯酸（HClO），应避免光照和接触热源。

小贴士

生活日用必需品，常见还需要警惕；
选购产品防假冒，使用说明阅读好；
不用物品妥存放，避开火电很重要；
不要摔砸和挤压，防热避晒要做到；
消防安全放心里，幸福安康伴一生。

问题 55. 防疫消毒产品有火灾危险吗？

2020 年初新型冠状病毒全球大流行，我国全民动员抗击疫情。专家指出新型冠状病毒怕酒精，不耐高温。居民使用医用酒精、84 消毒液等，在家中自行消毒，然而 75% 浓度的乙醇、含氯消毒剂、过氧乙酸等不受特殊管控的消毒产品，虽然可有效灭活病毒，但同时具有易燃、毒害、腐蚀等危险特性，如果使用、储存不当，极易引发火灾、中毒、灼伤等安全事故。

1. 酒精消毒防火要点

居家消毒，可用三份纯酒精加一份水配制成 75% 浓度的酒精作为基础的擦手液。用这种擦手液擦手可以杀死大部分细菌和包膜病毒。可通过喷洒或擦拭来清洁和消毒物体表面，如门把手、桌面、电梯按钮、手机、电脑，还包括照顾患者或与患者和疑似患者密切接触时使用的餐饮用具等物体表面。但有些人用酒精喷雾来消毒室内空气，这种做法缺乏依据，达不到消杀的效果，而且空气中高浓度的乙醇的聚集，极易产生燃烧现象，造成火灾。

——由于酒精的闪点低，极易燃烧，因此，在使用酒精的时候，要注意避开明火，也不宜大面积喷洒太多酒精，这容易导致空气中的乙醇浓度升高，引起火灾。

——使用酒精消毒前要清理周边易燃可燃物，切勿在空气中直接喷洒使用：酒精燃点低，遇火、遇热易自燃，在使用时不要靠近热源，避免明火。

——用酒精给电器表面消毒，应先关闭电源，待电器冷却后再进行，如用酒精擦拭厨房灶台，要先关闭火源，以免酒精挥发导致爆燃。

——家中不宜大量囤积酒精。酒精是易燃易挥发的液体，居民在家中用酒精消毒时，可购买小瓶装的酒精，以够用为宜，家庭存放酒精的最大容量应不超过 500 毫升，以免留下消防安全隐患。

——避光存放，防止倾倒破损，暂存酒精的容器必须有可靠的密封，严禁使用无盖的容器。每次取用后必须立即将容器上盖封闭，贴好标签，严禁敞开放置。

——家中剩下的酒精，不要放在阳台、灶台等热源环境中，也不要放在电源插座附近及墙边、桌角等处，防止误碰倾倒，可避光存放在阴凉处并注意通风。

2. 消毒液使用防火要点

——84 消毒液有一定的刺激性及腐蚀性，必须稀释以后才能使用，一般稀释浓度为 1 000 毫升的水里面加 2 ~ 5 毫升消毒液，浸泡 15 ~ 30 分钟后使用。

——喷洒时要注意防护，必须佩戴口罩和手套，室内喷洒完毕后要注意开窗通风，喷洒结束后，要注意自身清洗。

——过氧乙酸是有机过氧化物，属于危险化学物品，与还原剂、有机物等混合，受热，接触明火及受到摩擦震动、撞击等易引起燃烧爆炸。必须严格按照安全使用说明操作，未经稀释的过氧乙酸要采用专用容器。

小知识

酒精和 84 消毒液的消毒机理

酒精的消毒机理：酒精（乙醇），是医学上常用的消毒剂之一。酒精可溶于水，并具有一定的脂溶性。酒精杀菌杀病毒的机理是酒精的脂溶性可以破坏生物磷脂双分子构成的生物膜，造成生物膜结构和功能障碍从而死亡。较高浓度的酒精可以破坏膜结构的“秩序”，从而破坏膜的功能，导致有膜微生物的死亡。

84 消毒液的消毒机理：84 消毒液是以次氯酸钠为主要成分的含氯消毒剂，主要用于物体表面和环境等的消毒。次氯酸钠具有强氧化性，可水解生成具有强氧化性的次氯酸，能够将具有还原性的物质氧化，最终使微生物丧失机能，无法繁殖或感染。

问题 56. 艾灸时要采取哪些防火措施?

中医传统的艾灸通过艾灸穴位排除体内寒气。艾灸操作简单，因此很多居民也在家里自行使用，但使用不当会发生火灾危险。

艾灸养生通过点燃由艾绒制成的艾灸条，艾绒引燃释放持续恒定的热量，热量通过穴位直达病灶而实现祛病健身的功效。引燃的艾灸条温度极高，足以点燃家中的纸张、织物。使用艾灸应注意以下要点：

——远离可燃物品。在进行艾灸前，清理周围的可燃物，特别是纸巾、报纸、蚊帐等易燃物，以免接触燃烧的艾灸条起火。

——做好艾灸灰烬收集。艾灸在使用时，会产生燃烧的灰烬，不要直接丢弃至垃圾桶，余留火星一定要用水彻底熄灭后才可以倒进垃圾桶，避免余火引发火灾。

——做好灭火准备。艾灸由于要加热穴位，很多时候需要在沙发或床上进行操作，无法完全隔离可燃物，这就需要做好灭火防范。建议在进行艾灸前，准备一盆水或灭火器，一旦出现意外可以及时处置。

——确认艾灸条熄灭。艾灸条使用后，熄灭不当易发生复燃。艾灸条、艾绒属于易燃物，即使看不到丝毫烟气，里面仍可能在微弱燃烧，由此引发火灾。因此，艾灸条采用冷却、窒息等方法熄灭后，过一会儿要再去确认是否确实熄灭。

——隔离存放。使用后，艾灸条应在不燃容器中存放，如铁盘、瓷盘等，并远离可燃物。

案例：艾灸养生反触火灾

2019 年 1 月 9 号下午，某小区二楼一户居民家突发火灾，房主吴先生说，事发时他正在上班，儿媳妇和孙子在家，因为孙子最近生病，儿媳妇就为他艾灸治疗。可是下午孙子突然出现昏厥，儿媳妇抱着孩子就往医院跑，床上燃烧的艾灸条却被忘了个一干二净，阴燃的艾灸条引燃了床单。

2017 年 9 月 27 日，某小区一居民楼内冒起了黑烟，周边居民看见后立马拨打火警电话求助，火灾的原因是该住户在家做完艾灸后忘了熄灭火源，艾灸条翻倒后导致床上的被褥被引燃。

2014年3月11日深夜2点左右，广东省禅城港口路一房间发生火情。徐女士回忆，当晚她在家艾灸，没有将艾灸条上的烟火处理完，致家中沙发、窗帘等物品被引燃并产生大量烟雾。所幸警方、消防人员及时赶到将火熄灭。

第3篇　灭火篇

【引导语】我国目前正处于快速城镇化的阶段，大量人口不断涌入社区，在社区聚集。社区居民生活离不开使用水、电、煤气、油等必需品，这使得导致火灾的因素不断增多。社区居民住宅中的楼房建筑，高层住宅不少，火灾一旦发生，逃生困难，容易造成人员伤亡。很多火灾在发生的初期并没有被很好的控制是导致火势扩大的一个非常重要的原因。因此，普及灭火基本知识，提高社区居民初起火灾处置能力非常重要。本篇就社区居民常见火灾类型、灭火方法、报告火警、灭火器材基本原理、灭火器材设置场所及使用方法、典型场景初起火灾扑救等方面介绍相关灭火知识，目的是在介绍社区居民常见火灾问题的基础上，帮助社区居民及时发现火情，采用正确的方法报告火警，并能够使用有效的灭火器材与方法处理日常生活中常见初起火灾的情况。

问题 57. 居民家庭常见火灾类型有哪些？

我国将物质火灾按照其燃烧特性分为六个类别，分别为 A、B、C、D、E、F 类火灾。

A 类火灾：固体物质火灾。这种物质通常具有有机物性质，一般在燃烧时能产生灼热的余烬。如木材、干草、煤炭、棉、毛、麻、纸张等火灾。

B 类火灾：液体或可熔化的固体物质火灾。如煤油、柴油、原油、甲醇、乙醇、沥青、石蜡、塑料等火灾。

C 类火灾：气体火灾。如煤气、天然气、甲烷、乙烷、丙烷、氢气等火灾。

D 类火灾：金属火灾。如钾、钠、镁、钛、锆、锂、铝镁合金等火灾。

E 类火灾：带电火灾，即物体带电燃烧的火灾。

F 类火灾：烹饪器具内的烹饪物（如动植物油脂）火灾。

问题 58. 是不是所有的火灾都可以用水灭火？

俗话说“水火不容”，当发生火灾的时候，我们下意识选择用水扑灭。但事实上，并非所有的火灾都可用水扑救。火灾的类型不同，扑救的方式也各有不同，那么社区居民家庭中的火灾类型里哪些可以用水灭火？哪些不可以用水灭火呢？

1. 可以用水灭火的火灾情景

居民住宅建筑外保温材料，住宅建筑内家具、布艺装饰、被褥衣物、书籍等固体物质着火属于A类固体物质火灾，遇水不发生反应，可以用大量水进行灭火。

2. 不可以用水灭火的火灾情景

有些物质火灾如果盲目用水扑救会适得其反，最终水反而会成为火灾的“助燃剂”，导致小火酿成大灾。

属于B类火灾的香水、酒品及消毒用酒精的液体火灾不能用水灭火，因为它们属于易燃可燃液体，不溶于水，有些比水轻，如果用水灭火，这些物质浮在水面上，不能起到灭火的效果。

属于C类火灾的燃气以及各类家用杀虫剂、空气清新剂、摩丝等气溶胶物品火灾不能用水灭火；对于煤气、天然气和液化石油气泄漏着火，不能盲目地用水扑救，要根据具体情况采取行动，选用合适的灭火剂及方法控制火情或灭火。

属于E类火灾的带电火灾不能用水灭火，如电视机、电冰箱等家用电器，在没有良好的接地设备或没有切断电源的情况下，用水扑救着火电气设备，可能造成触电或者对设备造成极大损害。

属于F类火灾的家用烹饪食用油火灾不能用水灭火。因为对于这种烹饪食用油火灾，若用水扑救，水会与热油接触，油面的高温使水瞬间蒸发成水蒸气，水蒸气混着油滴四处飞散，造成“炸锅”的状态，促使火势蔓延。

其他不能用水灭火的火灾：各类碱金属及碱土金属，如钠、镁等火灾，属于 D 类金属火灾，绝不可以选择水灭火。因为水遇活泼金属后，会发生剧烈化学反应生成大量氢气，释放出大量的热，容易引起爆炸。

3. 不能用水灭火的物质着火后应选用的灭火剂

首先我们要明确灭火剂的种类，除了水，还有各种各样的泡沫灭火剂、气体灭火剂及干粉灭火剂。对于各类香水、酒品的液体火灾可选用泡沫灭火剂或干粉灭火剂；燃气及各类家用杀虫剂、空气清新剂、摩丝等气溶胶物品火灾也可根据情况选用泡沫灭火剂或干粉灭火剂；带电火灾可以选择不导电的干粉灭火剂和气体灭火剂；如遇 D 类金属火灾则可选用金属火灾专用干粉灭火剂；烹饪食用油火灾则可选择用锅盖或灭火毯覆盖窒息灭火。

小知识

灭火剂的主要区别

气体灭火剂——灭火剂成分主要有二氧化碳、七氟丙烷及惰性气体等。其中：

二氧化碳是一种不燃烧、不助燃的气体。二氧化碳灭火剂具有不与绝大多数物质反应、不导电、清洁、不沾污物品、没有水渍损失、不会给使用场所带来二次污染等优点。二氧化碳灭火剂主要适用于在封闭空间内扑救下列物质火灾：B 类液体火灾；部分 C 类气体火灾（灭火后仍在泄漏，有可能形成新的爆炸混合物的气体火灾除外）；固体表面火灾，但不能扑救具有有机特性、燃烧过程中可能伴有深位火的固体物质火灾；带电火灾的 E 类火灾（6 000 伏以下）。

七氟丙烷灭火剂是一种无色无味的气体，具有清洁、低毒、电绝缘性好、灭火效率高的特点，不破坏大气臭氧层，是目前替代卤代烷灭火剂的洁净气体灭火剂之一。七氟丙烷灭火剂主要以物理方式和部分化学方式灭火。非常适合保护电器、磁介质、文件档案或价值高的珍品及设备，并对保护的物品无损害，灭火后不留任何残留物。

泡沫灭火剂——凡能够与水混溶，并可通过机械方法产生泡沫的灭火剂，称为泡沫灭火剂，又称泡沫液或泡沫浓缩液。泡沫灭火剂一般由水、发泡剂、泡沫稳定剂、助溶剂及其他添加剂组成。主要用于扑救非水溶性B类可燃液体火灾及一般A类固体物质火灾。特殊的泡沫灭火剂还可以扑灭水溶性可燃液体火灾。

干粉灭火剂——干粉灭火剂是指用于灭火的颗粒直径小于0.25毫米的无机固体粉末。干粉灭火剂按灭火性能不同，可分为BC干粉灭火剂（又称普通干粉灭火剂）和ABC干粉灭火剂（又称多用干粉灭火剂），其中颗粒直径小于0.02毫米时称为超细干粉灭火剂。超细干粉灭火剂按灭火性能不同，可分为BC超细干粉灭火剂和ABC超细干粉灭火剂。干粉灭火剂具有以下特点：灭火效率高，灭火速度快；具有优良的电绝缘性能，所以用干粉灭火剂直接扑救130千伏以下的带电火灾，不会发生电击危险。干粉灭火剂在灭火过程中基本没有冷却作用，扑救火灾时易在停止喷射后形成复燃。干粉灭火剂根据其成分不同主要用于扑救各种非水溶性和水溶性 B 类可燃液体的火灾，以及天然气和液化石油气等 C 类可燃气体的火灾或一般带电火灾。

金属灭火剂——当一些活泼金属在受热、接触水汽或与其他物质发生反应时，有时会起火燃烧。这些活泼金属发生火灾后，无法用水、泡沫、干粉、二氧化碳、七氟丙烷等灭火剂进行扑救，而必须用专用的金属灭火剂扑救。常温下，金属灭火剂多为固体粉末灭火剂。固体粉末灭火剂主要有两类。一类是以石墨为基料的粉末灭火剂，如石墨粉；另一类是以无机盐为基料的粉末灭火剂，如氯化钠、碳酸钠、磷酸二氢铵、氯化钾等。

小贴士

居家可燃物品多，一旦着火破坏多；
灭火不可都用水，根据物质做选择；
木质软装及棉毛，都可用水来扑救；
香水酒品食用油，煤气液化石油气，
还有金属及电器，切记不可用水救；
根据着火物质选，灭火安全又高效！

问题 59. 居民家庭中哪些生活用品可以灭小火?

发现家中起火，不要耽搁，可以就地取材，及时扑灭。当然这是应对初起火灾，即火焰只在地面等横向蔓延期间，或者在火蔓延到窗帘、隔扇等纵向表面之前进行灭火。初期灭火处理过程关键在于快，不要给火蔓延的机会。如果能够正确及时地采取扑救措施，将火消灭在萌芽状态，就可避免人员伤亡和财产损失。就地取材的“材”可以有哪些呢？

——水是家中最实用、最简单的灭火剂。例如，家中的纸张、木质家具或被褥起火，可用它来扑灭。用身边可盛水的物品，如脸盆等往火焰上泼水，也可把水管接到水龙头上喷水灭火，并将燃烧点附近的易燃物泼湿降温。水可以使着火物的温度下降，起到冷却灭火的作用。

——淋湿的棉被、衣物能灭火。如果家中的可燃液体着火，如酒类倾洒并小面积着火，可迅速将棉被或者衣物打湿，覆盖在着火面上。

——沙土可以灭火。家中少量的可燃液体着火，也可将沙土（如花盆中的沙土）撒在着火面上，扑灭火灾。这是运用了窒息法灭火。

——锅盖、浸湿的扫帚可作为灭火工具。油锅着火后，可用锅盖盖住，采用窒息法灭火，也可将冷菜迅速放入锅中灭火，这是利用冷却和窒息法灭火。浸湿的扫帚也可用于拍打灭火。

小贴士

家中小火莫慌张，先报“119”不能忘；
水在家中最常见，冷却降温效果好；
棉被衣物来打湿，覆盖火焰室息好；
锅盖扫帚和沙土，关键时刻也可用；
就地取材控小火，多种物品能救命！

问题60. 灭火毯怎么灭火？

若家中发生火灾且处于初期阶段的时候，使用灭火毯灭火是比较快速并且有效的方法。灭火毯是用玻璃纤维等其他特殊的材料编织成的消防专用毯，如图 3–1 所示。因为材料是纤维状隔热耐火材料，即耐火纤维，最主要的特性就是耐高温、耐腐蚀，同时又有一般纤维的柔软、弹性，有一定的抗拉强度等。灭火毯的灭火原理是覆盖火源，窒息灭火。与水基型、干粉型等灭火器具相比，灭火毯没有失效期，使用后也不会产生二次污染，更重要的是在无破损、无油污时能够重复使用。

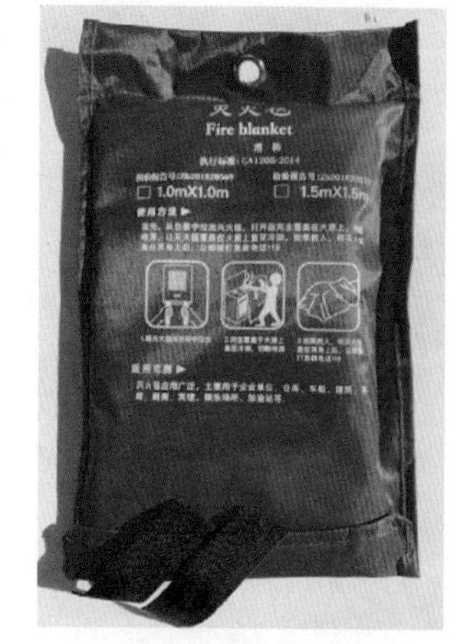

图 3–1　灭火毯

由于灭火毯具有以上优点，它可以用来处置很多的家庭初起火灾：

——油锅火灾。将灭火毯覆盖于着火的油锅上，可快速窒息灭火。

——地面小范围可燃液体火灾。如酒精、各类酒品的火灾。

——灭火毯可覆盖的固体物质火灾，如桌椅、衣物等火灾。

——灭火毯可覆盖的用电设备火灾，如电视机、电暖气等用电设备火灾。

那么，怎样正确使用灭火毯呢？

灭火毯最好放在家中比较显眼的地方，如能快速拿取的墙壁上或抽屉内，一旦发生火灾，可以用最快的速度拿到灭火毯。

在灭火的时候，首先要用双手把灭火毯展开，将涂有阻燃、灭火涂料的一面朝外，迅速覆盖在火源上（如油锅、地面等），注意一定要包裹完全，不留任何缝隙，这样就能够起到迅速阻隔空气并熄灭火源的作用。然后，观察火源情况，直到火焰完全熄灭才能把灭火毯拿走。如果灭火毯在扑灭火焰的过程中，没有发生破损，可以重复使用多次。

灭火毯还是很好的逃生工具。把灭火毯盖在身上，可以有效地防止身体被火焰灼伤。如果人在逃生的过程中身上出现火苗，把灭火毯展开后覆盖在人体着火部位，可以很快灭火。

在扑灭着火物体后，如果灭火毯受损，可以在灭火毯冷却后，把灭火毯卷起来，当作不可燃性垃圾来处理。如果不经常使用灭火毯，可以把灭火毯放在密闭的容器中保存，最好把灭火毯的带子露在容器的外面，通常应该一年检查一次灭火毯，如果发现灭火毯有破损的现象，可做更换处理。

小贴士

小小一块灭火毯，居家准备优点多；
不失效来无污染，无破损时反复用；
家里着火可灭火，火场逃生可披盖；
存放方便可取处，发现破损应更换。

问题 61. 大火灭不了时如何减缓火势蔓延?

社区居民多住在楼房里，一旦家里发生火灾不能很好地控制，就会影响全楼的住户。室内火灾发展经历了三个阶段：初期增长阶段、全面发展阶段、衰减阶段。了解不同阶段的火灾特性对保证人员的生命安全与及时灭火有重要关系。房间失火后，首要的问题是把人员疏散到安全地带，轰燃是火灾进入全面发展阶段的标志性现象，一旦该室发生轰燃，人员是极难安全撤离的。所以，初期增长阶段是火灾能否有效控制的关键阶段。我们鼓励居民运用专业的知识积极处置初期增长阶段的火灾，但是，一旦火灾继续蔓延扩大，向火灾全面发展阶段演变，则应在积极逃生的同时，采取一定的阻隔措施，减缓火势的蔓延，为逃生争取时间。

——尽量移开燃烧物周围的可燃物，这也是隔离阻火的一种方式。

——关闭着火房间的门窗，将火灾阻隔在一定空间内，减缓火势蔓延速度。

——如果大火封门，人员被困房间内，一定要关好房门，用湿毛巾、床单等物堵住门缝，阻挡烟气和火焰蔓延至房间内，然后把毛巾、衣服用水浸湿，捂住口鼻，降低姿势，以减少吸入浓烟，有条件的话用水把所有可燃物品弄湿，为自己争取被救援的时间。

——睡觉时，关上卧室门能保命。夜幕降临，人们在家中熟睡时，是最不容易发现火灾的时刻。睡觉时尽量关闭卧室门，这样一旦家中别的房间起火，可以隔绝烟气、火焰蔓延到卧室，从而为人员的救援与逃生争取宝贵的时间。

问题 62. 如何尽早发现火灾险情？

家是每一个人除了工作场所停留最久的地方，现在社区居民大多居住在楼房中，高层住宅不在少数，而且，人在睡梦中更不容易察觉火灾的发生，一旦夜晚发生火灾，不能及时发现，会极大影响人们逃生的概率。所以，家庭中，可依靠一些可靠的火灾探测器提早警示人们。目前，国家的消防技术标准规范中仅对高层住宅的公共部位有设置火灾自动报警系统的要求。但是随着城市发展、人们生活条件的改善，为了减少火灾风险，即使国家消防技术标准规范没有强制要求，居民自己也可设置独立式点型感烟火灾探测器、独立式点型感温火灾探测器或独立式可燃气体探测器，以应对不同的火灾场景。

——感烟火灾探测器是对火灾烟雾敏感的火灾探测器，基本满足一般室内火灾探测的要求，是目前最广泛使用的火灾探测器，可装于卧室。建议将独立式感烟火灾探测器安装在远离窗户和外门的墙壁或天花板上。烟雾从天花板往下弥漫至整个房间，所以安装在高处的探测器应该能更早探测到烟雾。安装在天花板上时，建议探测器距离墙壁至少 10 厘米。

——感温火灾探测器是对温度敏感的火灾探测器，正常情况下，湿度、水气或烟气比较重的地方等不宜安装点型感烟火灾探测器的场所，可选择点型感温火灾探测器，如厨房。

——可燃气体探测器是对燃气敏感的探测器，可探测煤气、天然气及一氧化碳，可装于厨房。家庭可根据使用燃料情况选择探测不同气体的可燃气体探测器。使用天然气的家庭应选用甲烷探测器，甲烷比空气轻，探测器应设置在厨房顶部；使用液化石油气的家庭应选用丙烷探测器，丙烷比空气重，探测器应设置在厨房下部；使用煤气的用户应选择一氧化碳探测器，一氧化碳的比重与空气相当，可设置在厨房下部或其他部位。又由于家庭中只需要报警的作用，可不用与其他消防设施联动控制，则可安装独立式的探测器，即探测器自身安装电池，或插电使用，兼有探测和发出警报声的功能，可以及时通知人员疏散。

一定要选用正规厂家的消防产品。如果探测器发生故障，就不能很好地发挥作用。平时要做好独立式火灾探测器的测试。测试的注意事项如下：

——测试电池。使用测试按钮来确保报警声音正常。按下并保持测试按钮几秒钟，正常情况下，警报就会响。如果没响，说明烟雾报警器可能没有电了。这时需要更换电池。警报响后，一些探测器会在几秒钟后自动关闭，而另一些则需要通过再次按下测试按钮来关闭。

——测试报警声音是否足够大。测试时，让家人站在离报警器最远的房间里。一定保证家里任何房间的人都能听到。要大声到能把家里睡得最沉的人吵醒。

——使用真实烟雾测试感烟火灾探测器。点燃2～3根火柴，把它们放在探测器下面10厘米的地方。如果探测器正常工作，火柴产生的烟雾会使警报器发出声音。如果没有声音，立即更换探测器。一定要把火柴放在离探测器一定远的地方，否则火柴可能会烧毁探测器。

——使用电吹风测试感温火灾探测器。将电吹风打开到温度的高位挡，对着感温火灾探测器的热敏元件送风。如果探测器正常工作，热风的高温会使报警器发出声音。如果没有声音，立即更换探测器。

——定期检查感烟火灾探测器。每个月至少测试一次探测器。当发现探测器有故障或者电池电源没电时，及时更换功能正常的探测器，或者更换电池。

小知识

常见的火灾探测器

火灾探测器相当于一个小型传感器，将火灾释放的烟雾、高温、火焰光、火焰辐射、有毒气体等转变成电信号，将信号传递给报警控制器。火灾探测器有很多种类型，如感烟火灾探测器、感温火灾探测器、火焰探测器、可燃气体探测器等，不同类型的火灾探测器适用于不同类型的火灾和不同的场所。

感烟火灾探测器是对悬浮在大气中的燃烧或热解产生的固体或液体微粒敏感的火灾探测器。点型感烟火灾探测器是对某一点周围烟雾浓度响应的火灾探测器，如图 3–2 所示。

图 3–2 点型感烟火灾探测器

感温火灾探测器是对某一点或某一线路周围温度变化响应的火灾探测器，对某一点周围温度变化响应的为点型感温火灾探测器，如图 3–3 所示。根据对温度探测原理不同，感温火灾探测器分为定温式火灾探测器和差温式火灾探测器。当火灾引起的环境温度达到或超过预定温度时发出报警信号的是定温式火灾探测器。当火灾引起的环境温升速率达到或超过预定值时发出报警信号的是差温式火灾探测器。热敏电阻是感温火灾探测器最常采用的敏感元件。热敏电阻的阻值能随温度变化，通过一定的电路设计，将温度变化转换成电流或电压的变化。

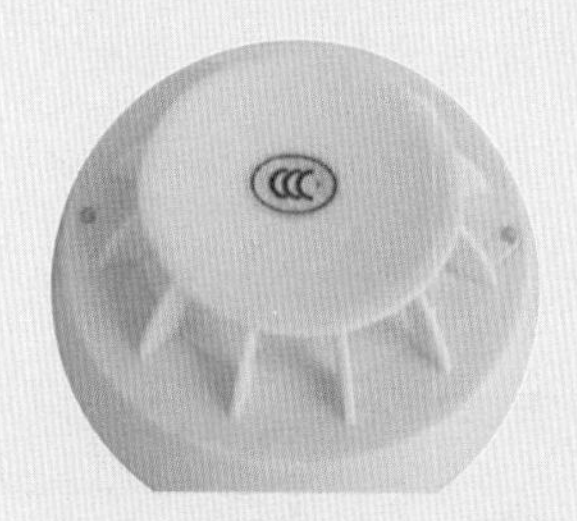

图 3–3　点型感温火灾探测器

可燃气体探测器是对单一或多种可燃气体浓度响应的探测器，也称气体泄漏检测报警仪器。当工业环境、日常生活环境中可燃性气体发生泄漏，可燃气体探测器检测到可燃性气体浓度达到设置的报警值时，就会发出声、光报警信号，提醒人们采取人员疏散、强制排风、关停设备等安全措施。独立式可燃气体探测器如图 3–4 所示。

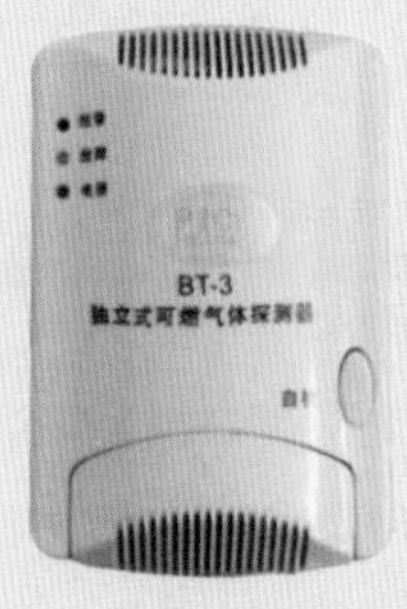

图 3–4　独立式可燃气体探测器

小贴士

居家早期发现火，还要依靠探测器；
小小独立探测器，功能大大效果好；
着火烟雾是大敌，感烟探测发现早；
一旦温度过于高，感温探测及时叫；
厨房泄漏可燃气，气体探测不可少；
居家独立探测器，好用不贵能救命！

问题 63. 发现家里燃气泄漏怎么办？

煤气、液化石油气和天然气是我国三大燃气。不管哪一种燃气，一旦发生泄漏，都存在着中毒和燃烧爆炸的双重危险。目前，天然气是公认的清洁能源，逐步成为燃气的主流。天然气的主要成分是甲烷，并含有少量的乙烷、丙烷、丁烷、硫化物等，爆炸极限范围为 5% ~ 15%，它的爆炸下限较低，非常容易爆炸。除此之外，如果天然气在相对封闭的空间里泄漏，在空气中的浓度达到 25% 时，可导致人体缺氧而造成神经系统损害，严重时可出现呼吸麻痹、昏迷，甚至死亡。所以，一旦家庭中天然气泄漏，我们应该做些什么呢？

——关掉天然气管道的总阀，切断气源。社区中一般使用的是天然气管道，如果你闻到有刺鼻的“臭鸡蛋”味道或者觉得头晕头痛的时候，再或者是家装独立式可燃气体探测器报警的时候，应果断关闭家中燃气管道的总阀，避免屋里的天然气浓度升高。

——切勿做有可能产生火花的行为。泄漏的天然气在爆炸极限内如遇火花，立刻就会被引爆，威力巨大，所以千万不要开灯、拨打电话、打开吸油烟机或者开关任何电器，在穿脱衣时也要注意，任何可能产生静电和火花的行为都要禁止。

——迅速打开门窗，降低天然气浓度。打开门窗能让天然气散发出去，毒性降低，同时可以使天然气的浓度降低到爆炸极限以下，避免爆炸燃烧。

——迅速撤离，到室外安全的地方去。用湿毛巾捂住口鼻，转移到室外空气流通的地方，这时可拨打电话报警。

小知识

常用的城市燃气

目前主要使用的城市燃气种类包括煤气、液化石油气、天然气。

煤气——由煤、焦炭等固体燃料或重油等液体燃料经干馏、汽化或裂解等过程所制得的气体，统称为人工燃气。主要成分为一氧化碳、氢气、甲烷等。其中一氧化碳含量高，毒性较大。

液化石油气——开采和炼制石油过程中作为副产品而获得的一部分碳氢化合物。主要成分为乙烯、乙烷、丙烯、丙烷等。急性中毒人员有头晕、头疼、兴奋或嗜睡、恶心、呕吐等症状，重症可能突然倒下、意识丧失甚至呼吸停止。液化石油气极易燃，与空气混合能形成爆炸性混合物。遇热源和明火有燃烧爆炸的危险。

天然气——既是制取合成氨、炭黑、乙炔等化工产品的原料气，又是优质燃料气，是理想的城市气源。由于开采、储运和使用既经济又方便，天然气在全球的应用范围非常广泛。急性中毒时可能有头昏、头疼、呕吐、乏力甚至昏迷等症状。天然气极易燃，与空气混合能形成爆炸性混合物。遇热源和明火有燃烧爆炸的危险。

小贴士

燃气泄漏不可怕，及早发现很关键！
气体探测来帮忙，发出警报确认早。
首先关闭总阀门，切勿开关带电器；
杜绝火源防爆炸，还要急忙开门窗；
以上工作全做完，捂住口鼻撤离去；
安全地带忙报警，才是正确好程序。

问题 64. 家中着火后是先报警还是先救火救人？

社区中以楼房居多，一旦居民家中着火，火势蔓延，很容易波及邻居。尤其高层建筑中，烟气蔓延较快，不利于疏散，在这种情况下，如果家中着火，无论火灾是不是处于初期阶段，自己是否能够处置，一定要首先拨打报警电话，同时积极处置初起火灾，并通过各种形式通知救人或通知邻居逃生。

——着火后第一时间报警，这是由法律所决定。我国《消防法》规定，任何人发现火灾都应当立即报警。所以，着火后应在积极自救互救的同时，第一时间拨打报警电话。

——救火是分秒必争的事情，早一分钟报警，消防车早一分钟到，就可能把火灾扑灭在初期增长阶段，耽误了时间，小火就可能酿成大火。如果盲目认为自己能够扑灭，却由于各种因素，火势突然扩大，这时才向消防队报警，就会使灭火工作处于被动状态。

小知识

发生火灾立即报警的法律要求

《消防法》第四十四条规定，任何人发现火灾都应当立即报警。任何单位、个人都应当无偿为报警提供便利，不得阻拦报警。严禁谎报火警。消防队接到火警，必须立即赶赴火灾现场，救助遇险人员，排除险情，扑灭火灾。

小贴士

发现着火不要慌，第一时间报火警；
切勿逞强我能行，火势失控再报警；
此条写入消防法，遵守法规人人责；
初起火灾要判断，依照能力来灭火；
处理不了快离开，还要大声来呼喊；
互帮互助来逃生，积极主动自救去。

问题 65. 如何发出火灾警报？

社区居民发现火灾后，要第一时间发出火灾警报。

——向消防队报火警。这是第一要务，主要有以下途径：

利用电话进行报警。如果发现火灾，第一时间用手机拨打“119”报警电话进行报警，让消防队即时出警。如果没有手机在身边，可寻求周边人的帮助，寻找固定电话或让有通信设备的他人报警。

直接到消防队报警。如果不方便使用通信工具，周围又没有可以帮助的人，可直接去消防队报警。

——向火灾可能危害的人群发出火灾警报。大声进行呼喊，以警示人员着火的情况。如果在夜晚人们熟睡时，或在其他特殊的情况下，为了让周围更多的人知晓火灾已经发生，可以采用敲锣、打鼓等方式通知人们着火逃生。

——利用建筑中的消防设施发出火灾警报。常用来报警的消防设施是火灾自动报警系统。手动报警按钮是火灾自动报警系统的构件之一，如图 3–5 所示。如果你身处的建筑有手动报警按钮，发现火灾后，应当立刻按下，有些手动报警按钮的表面是一层玻璃（见图 3–6），这时需要敲碎玻璃，再按下按钮进行报警。一旦按钮被按下，安装于建筑内的火灾警铃就会响起，警示人员逃生，同时，报警信号会传递到建筑消防控制室的火灾报警联动控制器，控制室 24 小时值班人员会通过现场或火灾报警联动控制器其他报警信号的输入情况确认火灾，确认后向消防队报警，值班人员手动或火灾报警联动控制器联动启动消防应急广播，通知全楼的人员已经发生火灾，需要立即疏散。与此同时，自动喷水灭火系统及防烟排烟等消防设施启动。

楼宇中常见的火灾警报装置主要分为火灾声警报器（见图 3–7）、火灾光警报器（见图 3–8）和火灾声光警报器（见图 3–9），是在火灾自动报警系统中，用以发出区别于环境声、光的火灾警报信号的装置。火灾警报器是一种最基本的火灾警报装置，通常与火灾报警控制器组合在一起，它以声、光音响方式向报警区域发出火灾警报信号，以警示人们采取安全疏散、灭火救灾措施。

图3–5 手动报警按钮

图3–6 带玻璃的手动报警按钮

图3–7 火灾声警报器

图3–8 火灾光警报器

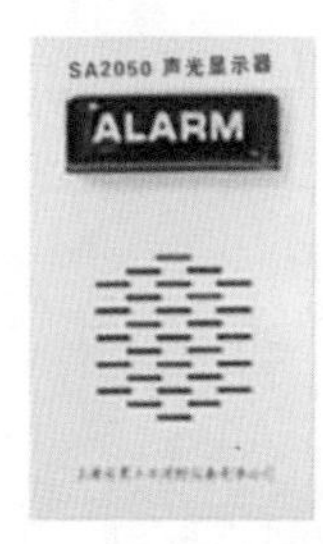

图3–9 火灾声光警报器

小知识

火灾自动报警系统的原理及组成

火灾自动报警系统是探测火灾早期特征、发出火灾报警信号，为人员疏散、防止火灾蔓延和启动自动灭火设备提供控制与指示的消防系统。火灾自动报警系统是由触发装置、火灾报警装置、警报装置、联动输出装置以及具有其他辅助功能装置组成的，具有能在火灾初期，将燃烧产生的烟雾、热量、火焰等物理量，通过火灾探测器变成电信号，传输到火灾报警联动控制器，并同时以声或光的形式通知整个楼层疏散，控制器记录火灾发生的部位、时间等，使人们能够及时发现火灾，并及时采取有效措施，扑灭初起火灾，最大限度减少因火灾造成的生命和财产的损失，是人们同火灾作斗争的有力工具。

手动报警按钮——火灾报警系统中触发装置的一种，当人员发现火灾时手动按下手动报警按钮，报告火灾信号。

火灾报警联动控制器——在火灾自动报警系统中，用以接收、显示和传递火灾报警信号，并能发出控制信号和具有其他辅助功能的控制指示设备。台式火灾报警联动控制器如图3-10所示。

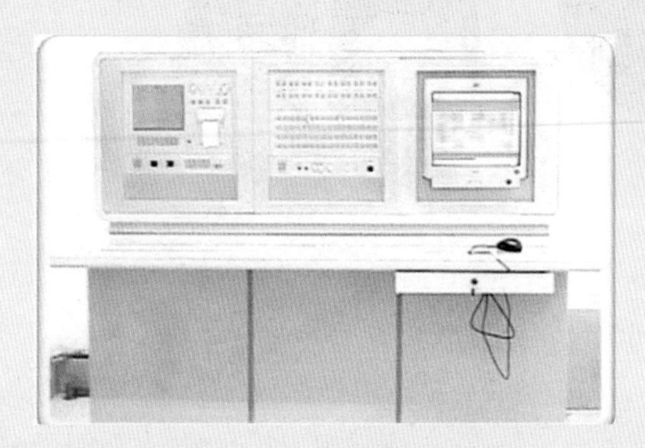

图3-10　台式火灾报警联动控制器

消防应急广播——在火灾发生时，应急广播信号通过音源设备发出，经过功率放大后，由广播切换模块切换到广播指定区域的音箱实现应急广播。

问题66. 火警电话是什么?

火警电话是“119”。20世纪70年代，国际电报电话咨询委员会根据国际标准化管理的要求，建议世界各国火警电话均采用“119”号码。我国的119台，不仅是一部电话，而是一套先进的通信系统。它可以同我国国土上任何一个地方互通重大灾害情报，还可以通过卫星调集防灾救援力量。通过电话可以随时向消防最高指挥提供火情信息，119台实际上是一个防灾指挥中心。“119”号码便于记忆，发生火灾时，想到“要、要、救”，以便联想到拨“119”火警电话。

注意！“119”火警电话是灭火救援的“生命线”，这条线连着千家万户，与每个人的切身利益息息相关。决不允许与救援不相关的恶意骚扰！

11月9日同时是我国的消防宣传日，这是专门为动员全民维护（参与）消防安全而设立的节日。1992年，公安部发出通知，将每年的11月9日定为“119消防宣传日”。确定这一日期一是基于全面启动冬季防火工作的实际需要。因为冬季是经常发生火灾的季节。为了做好冬季防火工作，将以“119消防宣传日”为契机，开展冬季防御工作，集中力量开展大规模、各种形式的消防安全宣传活动，提高防火意识。二是与火警电话“119”相符合。11月9日中这3个阿拉伯数字与其通形同序，易被人们接受；同时，也可以加深人们对“119”火警电话号码的记忆。

问题67. 报火警后说些什么?

报告火警可以说是一项关键时刻用来保命的生存技能。生活中发现火情时，往往由于报警人没有说明主要信息而贻误了救援时机。下面我们看一下哪一种报警情境是正确的？

情景一：

报警人："喂，'119'吗？能不能到我家来一下，这里着火了！"

接警员："请说一下具体地址好吗？知道是什么着火了吗？有无人员被困？"

嘟嘟嘟……报警人已挂断电话！

情景二：

报警人："喂，消防队吗？能不能到这边来一下，着火了！"

接警员："能具体说明一下地址吗？"

报警人："呃，我也不知道具体位置！"

情景三：

报警人："喂？消防队吗？我们家这个楼的5层有一户人家着火了，不清楚是什么着火，火势有些大，目前没有人员被困，我们的地址是××区××小区××号楼××单元，我的电话号码是：150××××××××，我现在在小区东门等你们，请快来吧！"

接警员："请您不要着急，我们立刻出警。"

情景一和情景二为错误的报警展示，对比情景三我们就能发现，情景三报警的方式准确明了，为扑救火灾争取了更多时间。

所以，报告火警时千万不要着急，要说清以下几点内容：

——要正确简洁地说明火灾详细地点。尽可能准确地讲清起火单位名称、所在地区、街道门牌号码、周围有什么标志物。配合接警员的提问，越详细越好，这样可以帮助消防车尽快到达现场。

——要说清楚什么场所、什么东西起火。特殊场所及特殊物品起火很可能引发火灾以外的灾害。比如某些物质遇水燃烧的情况等。讲清火场堆放的物品，以便于消防员做更全面的准备，避免不必要的二次伤害。同时便于消防队出动相关的消防车辆，比如可以扑救油类火灾的干粉消防车、泡沫消防车，可以扑救大多数固体火灾的水消防车……

——说清楚有无人员被困。如果有人员被困，消防员会及早采取救人准备，并携带救人装备。

——提供报警人姓名和联系电话。主要是供消防控制中心再次询问火灾现场情况时用的。有的人用固定电话报警之后就离开了，消防队找不到具体人再次询问情况。这对于消防工作迅速展开极为重要。

——报警以后，迅速组织人员到附近的路口等候和引导消防车前往火场。

以上就是报火警时需要讲清的内容，切忌报火警时张皇失措，草草挂断电话。如果不清楚说什么，要耐心听消防部门的询问作答。

温馨提示：拨打“119”火警电话与消防队出警灭火都是免费的。

小贴士

火灾报警勿心急，火灾位置要说清。

起火物质是什么，有无次生灾害性。

人员是否有被困，联系方式要给予。

报完路口速等待，积极引导车辆行。

问题 68. 居民住宅常见的灭火设施有哪些?

我国《消防法》规定，任何单位和个人都有保护消防设施的义务。社区居民大多住在楼房里，楼房内的消防设施是否完好，关系到居民在火灾中的生命安全，每个居民作为居住在其中的一份子，都应该会识别并保护身边的消防设施。国家规范规定了不同高度的居民住宅建筑的灭火设施的设置种类及要求。社区居民在住宅里可以看到的灭火设施主要有以下几种：

——灭火器。灭火器是各类住宅建筑中必备的灭火器材。根据建筑的火灾种类、规模及危险等级，确定建筑中应该设置的灭火器的种类、位置及个数。每一个灭火器设置点一般配备 2 个灭火器，起到一备一用的作用。

——消火栓系统。消火栓系统是由供水设施、消火栓、配水管网和阀门等组成的系统，设在建筑内的为室内消火栓系统，设在建筑外的为室外消火栓系统，主要用来从建筑内部或外部扑救火灾。

按照国家规范，并没有要求所有的建筑中设置室内消火栓系统。对于建筑高度大于 21 米的住宅建筑要配备室内消火栓（见图 3–11），其他住宅建筑可不设室内消火栓。住宅建筑中室内消火栓应该放置于前室等公共的空间中，一般放置于消火栓箱内，不能对其做何种装饰，要求有醒目的标注（注明“消火栓”），且不得在其前方设置障碍物，避免影响消火栓门的开启。室内消火栓的使用人群为受过专业培训的社区管理人员和消防员。普通室内消火栓，当栓口水压大于 0.5 兆帕时，水枪的反作用力超过 220 牛，非专业人员无法操控，因此不倡导未经专业培训的普通成年居民使用。

室外消火栓系统是设置在建筑物外面消防给水管网上的供水设施，主要供消防车从市政给水管网或室外消防给水管网取水实施灭火，也可以直接连接水带、水枪出水灭火。室外消火栓系统也是扑救火灾的重要消防设施之一，如图 3–12 所示。社区内的住宅建筑都需要设室外消火栓系统。

图 3–11　室内消火栓

图 3–12　室外消火栓系统

——自动喷水灭火系统。自动喷水灭火系统是当今世界上公认的最为有效的自救灭火设施，是应用最广泛、用量最大的自动灭火系统。以湿式自动喷水灭火系统为例，火灾发生的初期，建筑物的温度不断上升，当温度上升到闭式喷头温感元件爆破或熔化脱落时，喷头即自动喷水灭火。该系统结构简单，灭火速度快，控火效率高，适合安装在能用水灭火的建筑物、构筑物内。我国规范要求建筑高度大于 100 米的住宅建筑宜设置自动喷水灭火系统，但是随着人们防火意识的提高，很多新建小区住宅也设计安装了自动喷水灭火系统，极大地降低了发生火灾后火势扩大的危险。

——防烟排烟系统。防烟排烟系统是防烟系统和排烟系统的总称。烟气是火灾中人员伤亡的最主要的“杀手”。建筑一旦发生火灾，为了利于人员逃生，要设置防烟排烟设施。

防烟系统是采用机械加压送风方式或自然通风方式，防止烟气进入疏散通道的系统。建筑的下列场所或部位应设置防烟设施：防烟楼梯间及其前室，消防电梯间前室或合用前室，避难走道的前室、避难层。

排烟系统是采用机械排烟方式或自然通风方式，将烟气排至建筑物外的系统。住宅建筑内如果有长度大于 20 米的疏散走道应设置排烟设施。

小知识

民用建筑灭火器配置场所的危险等级——应根据其使用性质、人员密集程度、用电用火情况、可燃物数量、火灾蔓延速度、扑救难易程度等因素，划分为以下三级。

严重危险级场所：使用性质重要、人员密集、用电用火多、可燃物多、起火后蔓延迅速、扑救困难、容易造成重大财产损失或人员群死群伤的场所；

中危险级场所：使用性质较重要、人员较密集、用电用火较多、可燃物较多、起火后蔓延较迅速、扑救较难的场所；

轻危险级场所：使用性质一般、人员不密集、用电用火较少、可燃物较少、起火后蔓延较缓慢、扑救较易的场所。

普通住宅属于轻危险级场所，高级住宅、别墅属于中危险级场所。

防烟楼梯间——是指在楼梯间入口处设有前室或阳台、凹廊，通向前室、阳台、凹廊和楼梯间的门均为防火门以防止火灾的烟和热进入的楼梯间，是高层建筑中常用的楼梯间形式。

避难层——是高层建筑中用作消防避难的楼层，一般建筑高度超过100米的高层建筑，为消防安全专门设置供人们疏散避难的楼层。封闭式避难层周围设有耐火的围护结构（外墙、楼板），室内设有独立的空调和防烟排烟系统，如在外墙上开设窗口时，应采用防火窗。

避难间——建筑高度大于54米的住宅建筑，每户应有一间房间靠外墙设置，应设置可开启外窗；其内、外墙体的耐火极限不应低于1小时；该房间的门宜采用乙级防火门，外窗的耐火完整性不宜低于1小时，此为高层住宅的避难间。

问题 69. 家里需配备哪些灭火器材?

居家生活中也有各种各样的可燃物质，由于居民的用火不慎或错误操作，导致很多大大小小的火情，很多本应该在初期就能将火势控制的情景，却因为没有合适的工具或没有掌握正确的处置方法而促使火势扩大。针对此种情况，下面就介绍几种常用的家庭灭火器材：

——灭火器。每一个居民家庭都应配备至少 2 具灭火器。需要根据社区居民家庭中可能出现的火灾类型配备相应的灭火器。前面我们讲到社区居民家中会涉及大量的 A 类固体物质火灾。这类情况我们可以配备水基型灭火器（包括清水型和泡沫型）、ABC 干粉灭火器。

对于家庭中的 B 类液体火灾，一旦着火不能使用水来灭火，可以选用的灭火器为水基型灭火器中的泡沫灭火器、BC（碳酸氢钠）干粉灭火器、ABC 干粉灭火器、二氧化碳灭火器。

对于家庭中的 C 类气体火灾，可使用 ABC 干粉灭火器、BC 干粉灭火器、二氧化碳灭火器。

对于家庭中带电设备及电气线路的 E 类带电火灾，可选用 ABC 干粉灭火器、BC 干粉灭火器或二氧化碳灭火器，但不得选用装有金属喇叭喷筒的二氧化碳灭火器。

家庭中使用的烹饪食用油火灾，由于其燃烧特性的特殊性能，定义其为 F 类火灾，可用干粉灭火器灭火。

综上，社区居民家用可选用高效环保的手提式水基型灭火器和 ABC 干粉灭火器。实际使用中，在选择灭火器的时候，一定要注意灭火器的火灾保护类别，即灭火器的适用范围，在灭火器铭牌上有明确标识。灭火器可以扑灭的火灾种类，以灭火器上的铭牌标识为准。

——灭火毯。灭火毯也是居家生活必备的一种小型灭火器材。家庭中常见的烹饪食用油火灾可采用灭火毯通过窒息法灭火。

——轻便消防水龙。轻便消防水龙是在自来水或消防供水管路上使用的，由专用接口、水带及喷枪组成的一种小型轻便的喷水灭火器具。建议在房间内加装轻便消防水龙以应对家庭初起火灾。有些轻便消防水龙也可以与洗衣机共用水龙头，轻便有效，家庭成员都可操作。

小知识

灭火器的种类及铭牌

灭火器按照操作使用方法分类，可分为手提式灭火器和推车式灭火器。手提式灭火器充装量较小，可手提移动灭火；推车式灭火器装有轮子，可由一人推（或拉）至着火点附近灭火。

灭火器按照充装物质分类，可分为水基型灭火器、干粉型灭火器、二氧化碳灭火器以及洁净气体灭火器。水基型灭火器包括清水型灭火器、带添加剂的水基型灭火器和泡沫型灭火器；干粉型灭火器包括 BC 干粉灭火器、ABC 干粉灭火器和 D 类金属火灾特别配置的干粉灭火器；二氧化碳灭火器充装压力高，其结构与其他灭火器不同（无压力表，喷口采用喇叭筒形式），因此单独分类；洁净气体灭火器的灭火剂包括惰性气体和混合气体等。

灭火器的铭牌——灭火器应有铭牌贴在筒体上或印刷在筒体上，灭火器标识的内容应有灭火器名称、型号、灭火种类代号、灭火级别、使用温度、使用方法（图形和文字）、驱动气体名称和数量（或压力），筒体生产连续序号（也可用钢印打在底圈或颈圈等部位）、制造厂名称等，如图 3-13 所示。

图 3-13　灭火器铭牌

小贴士

灭火器们作用大，居家生活需配备；
一家至少配 2 个，一备一用有保障；
ABCDEF 类，不同火灾要区分；
家用可配水基型，固液火灾都可用；
ABC 类灭火器，处理液气及带电；
再来备点灭火毯，万无一失保安全。

问题 70. 灭火器怎么用？

灭火器是日常生活中最常用的应对初起火灾的灭火设施，其操作方法是否正确，对于灭火效果有很大的影响。正确地使用灭火器可以迅速将火扑灭，错误地使用灭火器不能扑灭火灾甚至会使火灾扩大。正确使用灭火器的方法如下：

——使用灭火器时，首先要正确、迅速判明风向，顺风打开灭火器，切勿逆风灭火；

——对于手提式灭火器，使用时首先提起灭火器，拔掉保险销（拉环）；

——一只手握住灭火器的软管；

——距离火焰2米左右的地方，按下压把，对准火焰根部，将灭火剂喷出；

——左右移动喷射，直至火灾扑灭；

——保持监控，防止复燃。

灭火器的使用方法如图3–14和图3–15所示。

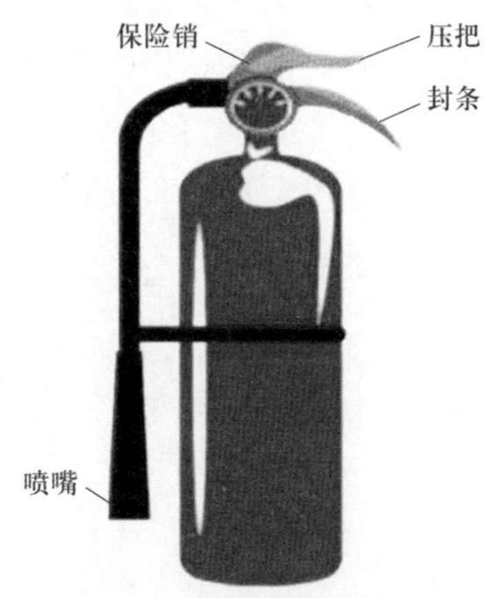

图3–14　灭火器部件说明图

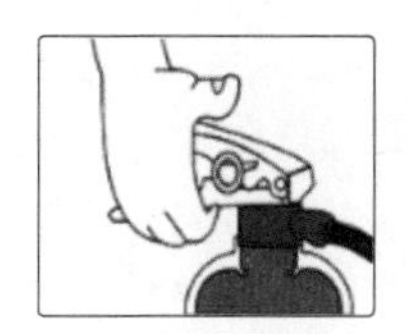

1.提起灭火器

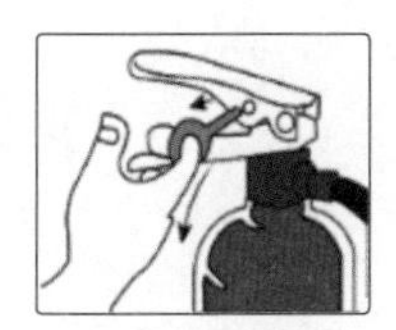

2.拔下保险销

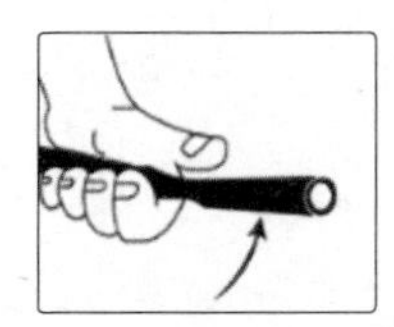

3.握住软管

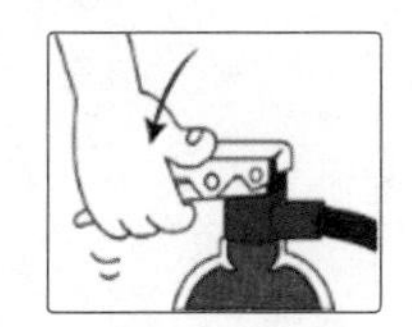

4.对准火焰根部扫射

图3–15　灭火器使用方法图

使用灭火器的注意事项如下：

——干粉灭火器灭火的射程要比二氧化碳灭火器远，所以二氧化碳灭火器需要较为靠近火源灭火，因此，火灾快速发展时不适合使用二氧化碳灭火器。

——在使用二氧化碳灭火器时，灭火器喷射时会具有一定的压力，需要握紧喇叭筒，站稳灭火。

——在使用二氧化碳灭火器时，不能直接用手握住二氧化碳灭火器的金属连接管，因为零下 78 摄氏度的二氧化碳会将手冻伤。

——在扑救液体火灾时（如油面火），不可将灭火器靠近油面喷射，这样容易造成油品四处飞溅，造成火势蔓延。

火灾发生后，在刚刚起火的 5 分钟内灭火非常有效。因此，学会正确地使用灭火器材，迅速扑灭初起火灾，对减轻火灾、控制火势是非常关键的。

小贴士

如何使用灭火器？一提二拔三握住；
顺风对准着火物，站稳握紧喷嘴处；
对准火焰的根部，按下压把猛扫射；
还有情况要注意，二氧化碳防冻伤；
扑救液体火灾时，远离油面防飞溅；
正确使用灭火器，初起火灾好控制。

问题 71. 如何判断家里的灭火器是否好用?

灭火器的作用就是灭火。但是过期、劣质、不合格的灭火器也会成为伤人的元凶。近些年来，灭火器爆炸伤人的事件屡见不鲜，都是因为灭火器“带病”工作，存在较大的安全隐患。所以，为了保证灭火器的正常使用，火灾发生的时候，起到应有的作用，需要经常检查自家的灭火器，下面介绍一下灭火器的检查方法：

首先，灭火器喷嘴不能堵塞。

其次，要观察压力表指针所在的位置。灭火器的压力表有红、绿、黄三段，如果指针指到红色区域，表示灭火器内压力较小，不能喷出，注意，这表明灭火器已经失效了，需要立即重装和更换；如果指针指到绿色区域，表示压力正常，可以正常使用灭火器；如果指针指到黄色区域，表示灭火器内压力过大，可以使用，但是有爆炸的危险。

最后，还需注意灭火器铭牌上标注的生产日期及维修日期，超过一定的使用年限，灭火器就要维修或者报废！一定要从正规的厂家购买灭火器，切不可购买劣质的不合格产品。

小知识

灭火器的送修及报废条件

灭火器的有效期——水基型灭火器的维修期限为出厂满3年，首次维修后每满1年维修一次，报废期限为6年；干粉灭火器、洁净气体灭火器和二氧化碳灭火器维修期限为出厂满5年，首次维修后每满2年维修一次；干粉灭火器、洁净气体灭火器报废期限为10年，而二氧化碳灭火器报废期限为12年。

灭火器的报废条件——筒体严重锈蚀，锈蚀面积大于或等于筒体总面积的1/3，表面有凹坑；筒体明显变形，机械损伤严重；器头存在裂纹、无泄压机构；筒体为平底等结构不合理；没有间歇喷射机构的手提式；没有生产厂名称和出厂年月，包括铭牌脱落，或虽有铭牌，但已看不清生产厂名称，或出厂年月钢印无法识别；筒体有锡焊、铜焊或补缀等修补痕迹；被火烧过。

列入国家颁布的淘汰目录的灭火器——酸碱型灭火器，化学泡沫型灭火器，倒置使用型灭火器，氯溴甲烷、四氯化碳灭火器，国家政策明令淘汰的其他类型灭火器。

小贴士

如何检查灭火器？首先保证不堵塞；
再来观察压力表，指针指向有说道；
红色表示压力小，过期使用需更换；
黄色表示压力大，可能变成大炸弹；
只有指向绿色时，才能保证常有效；
还需注意有效期，及时更换保平安。

问题 72. 住宅楼内的自动喷水灭火系统是如何灭火的?

目前，很多社区住宅小区都在住宅的公共区域或住户内设置了自动喷水灭火系统。自动喷水灭火系统的安装极大提高了住宅初起火灾的扑救能力。那么，自动喷水灭火系统是如何进行灭火的?

住宅内常用的自动喷水灭火系统为湿式自动喷水灭火系统，湿式自动喷水灭火系统是一种应用广泛的固定式灭火系统。该系统管网内依靠高位消防水箱充满压力水，长期处于备用工作状态，可在 4 ~ 70 摄氏度环境温度中使用。当保护区域内某处发生火灾时，环境温度升高，喷头的温度敏感元件（玻璃球）破裂，喷头自动将水直接喷向火灾发生区域，水流流经报警阀，最终启动消防水泵，起到连续灭火的作用。

社区居民在楼房里能见到的自动喷水灭火系统的部件就是喷头。喷头安装在住宅区的公共空间或住宅内的天花板上，根据安装系统的不同，采用不同类型的喷头。最常见的湿式喷头为闭式喷头，闭式喷头又可分为玻璃球洒水喷头和易熔元件洒水喷头。玻璃球洒水喷头的不同玻璃球颜色对应着不同的玻璃球破裂的温度，如图 3–16 所示。如红色表示 68 摄氏度，也就是说当温度达到 68 摄氏度的时候，玻璃球破裂，喷头开始洒水灭火。同样，易熔元件洒水喷头中的易熔元件在不同的温度下也会熔断，使喷头开始喷水灭火。

图 3–16　不同颜色的玻璃球洒水喷头

在日常生活中，居民有义务保护喷头不受破坏，然而在现实生活中，有很多破坏自动喷水灭火系统的例子。例如，目前城市中有很多商住楼，这样兼有商、住两用的楼房也成为城市年轻人租房居住的选择，高层商住楼按照公共建筑的设计规定，要求每一户都需设置自动喷水灭火系统，但是因为很多户主认为自动喷水灭火系统的管道和喷头不美观，所以自行拆掉了入户的管道及喷头。这其实是一种违法行为，我国《消防法》明确规定，任何单位和个人都有保护消防设施的义务。损坏、挪用或者擅自拆除、停用消防设施、器材的，需承担相应的法律责任。

小知识

自动喷水灭火系统的分类

自动喷水灭火系统根据所使用喷头的形式，可分为闭式自动喷水灭火系统和开式自动喷水灭火系统两大类。闭式自动喷水灭火系统的喷头平时处于关闭状态，遇火灾时喷头开放；开式自动喷水灭火系统的喷头平时处于开放状态，管道内没有水，遇火灾时管道充水灭火。

根据系统的用途和配置状况，闭式自动喷水灭火系统包括湿式自动喷水灭火系统、干式自动喷水灭火系统、预作用自动喷水灭火系统；开式自动喷水灭火系统包括雨淋系统、水幕系统、水喷雾系统等。

湿式自动喷水灭火系统的应用范围——环境温度不低于4摄氏度且不高于70摄氏度的场所。

干式自动喷水灭火系统的应用范围——系统平时配水管道内没有水，火灾时充水灭火，所以其适用范围为环境温度低于4摄氏度或高于70摄氏度的场所。

预作用自动喷水灭火系统的应用范围——系统的工作过程集合了湿式自动喷水灭火系统和干式自动喷水灭火系统的优点，适用于系统处于准工作状态时严禁误喷及管道充水的场所。

问题 73. 防烟排烟设施在火灾中有哪些作用?

住在高层住宅里的居民都会在防烟楼梯间和前室或消防电梯间前室内的墙面靠近下方的位置发现一个带有百叶窗的装置，这就是高层住宅设置的机械加压送风口，如图 3–17 所示，与此送风口相连的系统叫机械加压送风系统，也叫作机械防烟系统。

图 3–17　机械加压送风口

机械防烟系统由风机、送风管道、送风口、风机控制柜等组成。

当高层建筑发生火灾，消防中控室确认火灾后，着火建筑的机械防烟系统就会由消防联动控制器或者中控室的值班人员联动或手动开启，由此，防烟风机开启，系统送风口也会自动打开，向防烟楼梯间和前室以一定的压力送风，保证人员从房间向楼梯间迎着新风疏散，并将房间内的烟气控制在一定的范围内，不进入人员疏散的防烟楼梯间内。从安全角度出发，加压送风时应使防烟楼梯间压力 > 前室压力 > 走道压力 > 房间压力，同时还要保证楼梯间与非加压区的压差不要过大，以免开门困难影响疏散。

与防烟系统相对的是排烟系统。机械排烟方式一般都是利用排风机把着火区域中产生的高温烟气通过排烟口强制排至室外。机械排烟的根本作用在于能及时而有效地排除着火层或着火区域的烟气，为受灾人员的疏散和物资财产的转移在时间上和空间上创造条件。一个设计优良的机械排烟系统在火灾中能排出 80% 的热量，使火灾温度大大降低，因此对人员安全疏散和灭火起到重要作用。

机械排烟系统是由挡烟壁（活动式或固定式挡烟垂壁，挡烟隔墙或挡烟梁）、排烟口（或带有排烟阀的排烟口）、排烟防火阀、排烟道、排烟风机和排烟出口组成。

机械排烟系统的排烟口一般设置在房间的顶部，着火时，火灾报警信号联动排烟口打开，排烟风机启动，机械排烟系统启动，但当烟气的温度超过 280 摄氏度，排烟防火阀启动，自动关闭排烟系统，这是因为烟气温度过高，再进行排烟会将热烟气通过排烟系统带到其他位置，增加了火灾风险。

机械防烟排烟系统可以有效地配合，在高层建筑中，如果房间着火，房间和走道内加装机械排烟口进行排烟，而前室和楼梯间或前室进行加压送风，能保证人员从房间疏散至室内相对安全的楼梯间。所以，在日常的生活中，一定注意保护防烟排烟系统的送风口和排烟口，不能随意开启或堵塞风口。

问题 74. 住宅小区的消防救援设施有哪些?

消防车道和救援场地属于公共基础设施，是发生火灾等紧急情况时，消防人员实施灭火救援和疏散被困人员的通道和作业场地。消防车道设置主要是为了保障人们生命、财产在遇到火灾等紧急情况时能得到及时救援，也被称为“生命通道”。一旦消防车道被占用或堵塞，会埋下很大的安全隐患。作为社区居民要能够辨识哪些是消防车道，并按照法律法规要求予以保护。

1. 住宅小区的消防车道

消防车道就是生命救助的快速通道（见图 3–18），它是保证消防车靠近火场，迅速展开火灾扑救、抢救人民群众生命财产、减少火灾损失的重要保障，因此，在《建筑设计防火规范》中对消防车道和救援场地的设置有明确和强制的条文规定；《消防法》也明确规定消防车道和救援场地不能随便占用、破坏或挪作他用，必须保持畅通。

图 3–18　住宅小区的消防车道

——为给火灾扑救工作创造方便条件，保障建筑物的安全，应在 27 米以上的高层住宅建筑周围设置环行消防车道，当设置环形车道有困难时，可沿高层建筑的两个长边设置消防车道。

——对于高层住宅建筑和山坡地或河道边临空建造的高层民用建筑，可沿建筑的一个长边设置消防车道，但该长边所在建筑立面应同时设置为消防车登高操作面。

——当住宅建筑物沿街道部分的长度大于 150 米或总长度大于 220 米时，应设置穿过建筑物的消防车道。确有困难时，应设置环形消防车道。

——为保障大型消防车的顺利通行，消防车道的净宽度和净空高度均不应小于 4 米。

——为防止火灾时建筑构件塌落影响消防车道正常作业，消防车道靠建筑外墙一侧的边缘距离建筑外墙不宜小于 5 米，消防车道与建筑之间不应有妨碍消防车操作的树木、架空管线等障碍物。

——环形消防车道至少应有两处与其他车道连通，尽头式消防车道还设有回车道或回车场。

2. 消防登高面与登高作业场地

消防登高面又叫高层建筑消防登高面、消防平台、消防扑救面，是登高消防车靠近高层主体建筑，开展消防车登高作业及消防队员进入高层建筑内部，抢救被困人员、扑救火灾的建筑立面。

登高作业场地就是沿消防登高面实施登高作业的操作空间。高层建筑的平面布局和使用功能的复杂多样，给消防灭火、救援带来诸多不利因素，特别是在设计中对消防登高面和登高作业场地的考虑不周，火灾时消防车无法靠近主体建筑实施救援，造成本可以避免的火灾损失和人员伤亡。因此，《建筑设计防火规范》对登高作业场地进行了位置和面积的设置规定，对操作面障碍物进行限制。

——登高作业场地距建筑外墙不宜小于 5 米，且不应大于 10 米。

——场地与建筑之间不应设置妨碍消防车操作的架空高压电线、树木、车库出入口等障碍。

——登高作业场地通常是利用建筑周围地面，通常在建筑物的长边方向或不小于建筑周长 1/4 连续布置。

——登高作业场地的长度和宽度分别要大于 15 米和 10 米。对于建筑高度大于 50 米的建筑，场地的长度和宽度分别不应小于 20 米和 10 米。

3. 保护措施

为了防止消防车道和登高作业场地被占用，物业管理公司或业主委员会要加强管理：

——在单位或者住宅区的消防车道出入口路面，按照消防车道净宽度施划禁止停车标线，标线为黄色网状实线，标线中央位置沿行车方向标注内容为“消防车道禁止占用”的警示字样。消防车道禁止停车标线及路面警示标志如图 3–19 所示。

——在消防车道两侧设置醒目的禁停标杆警示牌，提示严禁占用消防车道，违者将承担相应法律责任等内容。

——在平时的巡查和检查中要留意占用情况，及时通知相关人员和业主移除。

——消防车道上安装的门闸和铁门有专人负责，要保证紧急情况下能够开启。

图 3–19　消防车道禁止停车标线及路面警示标志

小知识

消防车道的设置

根据《消防法》《中华人民共和国道路交通安全法》和国家标准《道路交通标志和标线》的有关规定，对单位或者住宅区内的消防车道沿途实行标志和标线标识管理。

——在消防车道路侧缘石立面和顶面应当施划黄色禁止停车标线；无缘石的道路应当在路面上施划禁止停车标线，标线为黄色单实线，距路面边缘 30 厘米，线宽 15 厘米；消防车道沿途每隔 20 米距离在路面中央施划黄色方框线，在方框内沿行车方向标注内容为“消防车道禁止占用”的警示字样（见图 3-20）。

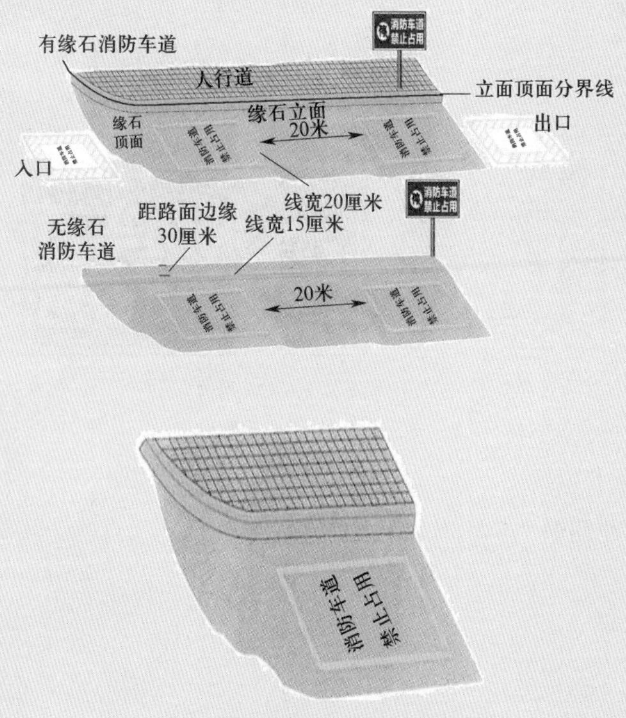

图 3-20　消防车道标识绘制示例

——在单位或者住宅区的消防车道出入口路面，按照消防车道净宽度施划禁止停车标线，标线为黄色网状实线，外边框线宽20厘米，内部网格线宽10厘米，内部网格线与外边框夹角45度，标线中央位置沿行车方向标注内容为“消防车道禁止占用”的警示字样。

问题75. 油锅着火可以采取哪些措施快速灭火？

厨房内的烹饪油品火灾由于其燃烧的特殊危险性被定义为F类火灾。社区居民家庭在做饭时最容易发生油锅着火。油锅着火，千万不要慌张，初起火灾可以采取以下方法进行处置：

——第一步需要做的是直接关掉灶台的开关，并迅速拧紧燃气的开关，这是为了防止大火继续燃烧引发爆炸。许多人一看到起火了就开始紧张，直觉反应就是用水来浇灭火，但是高温的油碰到水会形成“炸锅”，使油火到处飞溅，烫伤人员。所以，切忌用水灭油锅火！

——窒息法灭油锅火。迅速用锅盖或能遮住锅的大块湿布或灭火毯从人体处朝前倾斜着遮盖到起火的油锅上，使燃烧着的油火接触不到空气而因缺氧熄灭。这种方法简便易行，而且锅里的油不会被污染，人体也不会被火烧伤。也可就近取用沙土，直接撒在锅内，也可起到窒息灭火的作用。

——冷却法灭油锅火。如果厨房里有切好的蔬菜或其他生冷食物，可沿着锅的边缘倒入锅内，利用蔬菜、食物与着火油品的温度差，使锅里燃烧着的油品温度迅速下降，当油品达不到自燃点时，火就自动熄灭了。

——采用灭火剂灭火。如果以上两种方法都不能起到作用，可以选择家中放置的ABC干粉灭火器或BC干粉灭火器，这种方法虽然会污染厨房食品，但是也可以起到灭火的作用。

小知识

烹饪油品火灾的灭火剂选择

烹饪油品火灾为F类火灾，在大型商业厨房中，其扑救有多种灭火剂可以选择，目前常用的灭火剂有二氧化碳灭火剂、泡沫灭火剂、干粉灭火剂、专用湿式灭火剂和细水雾灭火剂，由于各灭火剂抑制火焰机理的不同，其灭火效果也各有差异。

二氧化碳灭火剂扑救烹饪油品火灾时，灭火时间较长，且存在严重的复燃现象，从救援安全性的角度考虑，二氧化碳灭火剂的使用增加了窒息死亡的风险，在厨房使用存在一定的安全隐患。

干粉灭火剂和泡沫灭火剂可以快速扑灭烹饪油品油面火，但是也不能有效降低油温，将其温度控制在燃点以下，因此，也存在复燃的问题，另外，蛋白泡沫和水成膜泡沫都具有较强的毒性，不适合在厨房使用。

专用湿式灭火剂是通过与油脂发生皂化反应实现灭火的，该灭火剂具有较好的快速降温能力，可有效降低油温、防止复燃，但灭火过程对人体有很大的伤害，灾后清理工作繁重，而且价格昂贵。

细水雾灭火剂是近年来发展非常迅速的一种新型环保灭火介质，为目前最为理想的灭火剂，细水雾灭火剂在灭烹饪油品火灾时，可以快速熄灭油面火焰，有效控制油面温度，将油温降至燃点以下防止复燃，而且还环保无污染、经济实用。

问题76. 家用燃气管道泄漏着火是先关阀还是先灭火?

燃气泄漏易引发爆炸事故，一旦发生，会给家庭和邻居的生命带来巨大的威胁。目前，大多数小区都是使用管道天然气，尤其是冬季，燃气使用进入高峰期，燃气泄漏引发的燃烧爆炸风险加大，所以一旦天然气管道发生泄漏着火，除了首先报告火警以外，该如何进行初期处置呢?

——首先要立即关闭燃气入户总阀；

——然后用干粉灭火器或湿布进行灭火。

——最后到室外，等待“119”的救援。

室内天然气管道泄漏着火，一般情况下要先关阀门再灭火，如果先灭火，燃气还在泄漏，这种情况下，因为天然气同时具有爆炸性和毒性，如果再遇火花会产生二次爆炸，或产生窒息中毒。

问题 77. 卧室起火怎么办?

住宅中的卧室是家庭成员待得最久的房间，尤其是夜晚，处于熟睡的人们不容易发现火灾的发生。卧室着火后，室内氧气会迅速减少，导致人员窒息，发生晕厥。那么对于初期的卧室火灾应如何进行处置呢？首先要报告火警，大声呼救向邻居发出火灾警告，同时迅速采取措施扑灭初起火灾，尽可能集中力量把火灾消灭在萌芽阶段。

——根据卧室不同的燃烧物质选择不同的灭火方法。卧室中大量存在着的木制家具、被褥、衣物等火灾为 A 类固体物质火灾。针对这种火灾，我们可以迅速取水，将水直接喷射到燃烧物上，熄灭火焰；也可取用家中的水基型灭火器、ABC 干粉灭火器进行灭火。

如果是卧室中的带电设备着火，如空调、插座、电暖气等 E 类火灾，首先切断电源，切忌用水扑救以免触电，可使用干粉、二氧化碳灭火器扑救。

——如果卧室火势增大，则采取隔离法，减缓火灾蔓延速度。将附近的易燃物和可燃物从燃烧区转移走；迅速关闭卧室通往其他房间的门窗，撤离出卧室，向安全地带疏散，等待消防人员的救援。

问题 78. 汽车起火怎么办?

夏天气温上升，传统燃油汽车着火事故频频发生，汽车着火时，驾乘者要沉着冷静、勇敢果断地根据不同情况采取相应的初起火灾处置对策。

——停车熄火。如在汽车行驶过程中着火，车主一旦闻到焦臭味或者看到烟雾，应立即在安全地方停车，并关闭电源，这可以停止汽车点火和喷油，降低着火概率或损害。接着要立即下车，毕竟燃油汽车有爆燃或者爆炸的风险，火势如果超出了预料，尽可能地有多远跑多远。

——迅速报警。在确认有火情后，应立即拨打火警电话“119”告知起火地点和车上有何燃烧物。逃生时，如果驾驶室门无法立刻打开，可以击碎风窗玻璃逃离。

——小火自救。如果火势较小尚未有爆燃的势头，就赶紧打开后备箱，拿出干粉灭火器，将着火点扑灭。如果个人无法操作，可以请求路人帮忙。

——小心引擎。如果发动机舱已经开始冒烟并且有火苗从缝隙中蹿出，那么火势已经发展到了比较严重的程度，不要打开引擎盖，以防空气对流加大火势。这时可拉开锁止扳手，让引擎盖漏一条缝，然后往里面喷灭火剂，等到没有烟雾时方可停止。然后才能打开引擎盖，进行清理工作。

——大火撤离。使用车载灭火器 3 分钟以上都没能有效灭火，凭己之力已经难以扑灭时，应及时疏散围观群众，离开原地，与车辆保持安全距离，等待救援。

问题 79. 家里电气设备起火怎么办?

目前家庭使用的电器主要包括电视机、电冰箱、空调等，都可能发生大大小小的火灾事故。那么家用电器着火，我们应该如何应对呢？

各类电器由于电线老化、里面的电子元件老化或者通风不好热量聚集，当温度过高时会着火，引发火灾。发现电器着火时，首先第一时间拨打“119”！同时，如果火势不大，处于火灾初期，自己可以积极灭火处理。处理的方法如下：

——切断电源。无论什么电器出现着火现象第一反应应是切断电源，由于受潮和烟熏，开关设备绝缘能力降低，因此，拉闸时最好用绝缘工具操作。

——处理周围易燃易爆物品。拔掉电源以后就要把电器周围的易燃易爆品收拾干净，如打火机、接线板等，避免连环起火。

——使用灭火毯、被水浸湿的棉被或二氧化碳灭火器和干粉灭火器灭火。如果家中有灭火毯，第一时间拔掉电源后，用灭火毯盖住着火电器，让火焰因为窒息而熄灭。如果家中没有灭火毯，可以用浸湿的棉被来代替，整个盖住着火电器，也能有效熄灭电器火灾。电器着火应按现场特点选择不导电的灭火器，二氧化碳、干粉灭火器的灭火剂都是不导电的，可用于带电设备灭火。泡沫灭火器的灭火剂（水溶液）有一定的导电性，而且对电气设备的绝缘有影响，不可用来灭带电火灾。灭火时应手持灭火器，对准电气设备火焰根部进行喷射，待完全灭火以后再松手。

——切勿用水直接灭火，这样可能会导致触电。

如果火苗一开始就蹿得很高，手边第一时间也没有合适的工具，火焰没法第一时间制止，那就只能拉下电闸，迅速离开，等待消防队的救援。

小贴士

电器着火莫慌张，首先还是要报警；
力所能及先断电，处理周围可燃物；
灭火方法有讲究，用水万万不可取；
隔离可用灭火毯，浸湿棉被可代替；
干粉用于电器火，应对起来才有效；
其他电加热器具，参照灭火没问题！

问题 80. 电线起火怎么办?

根据对配电线路故障引发电气火灾原因的分析和统计，电气故障引发火灾的原因主要集中在短路、过负荷、接触不良、接触电阻增大，以及线路老化放电、漏电等方面。这些电气故障产生后，基本都会引发局部温度升高，进而引燃周围可燃物，导致火灾发生。

——对于配电线路着火，首先也要先切断电源，积极自救的同时拨打“119”救援电话。

——处理周围易燃易爆物品。切断电源以后要把配电线路周围未燃的易燃易爆品收拾干净，避免连环起火。

——使用灭火毯或就近取得二氧化碳、干粉灭火器灭火。切勿用水直接灭火，这样可能会导致触电。

问题 81. 电动车起火怎么办?

电动车因价格便宜、骑乘简单、停车方便，成为许多人的出行工具。随着电动车数量的激增，近年来全国电动车火灾数量也逐年迅速增加，已成为居民火灾的重要原因之一。

电动车引发火灾的特别危害表现在两点，即火场温度和毒烟。数据显示，3 分钟，火温高达千摄氏度；30 秒，有毒气体覆盖整个房间。

所以，电动车不允许放置在楼道和房间内充电，应露天放置或放置于专用车棚内。对于电动车着火的处置方法如下：

——针对电动车起火，可以做的事情是第一时间拨打“119”报警电话！

——在保证自己安全的情况下，断电！如在充电过程中出现事故，有条件的话应该第一时间断电。

——防毒！电池起火后，会产生很多氟化氢、氰化氢之类的有毒气体。

——尽可能把电动车周边的易燃可燃物品移开，防止火势进一步扩大蔓延。

——消防员到场以后，如是自己的电动车着火，要配合消防员的救援行动，将车辆基本信息，如电池类型、容量、安装位置等，第一时间告知消防员。

第4篇　救助篇

【引导语】2019年12月23日凌晨，湖南省长沙市雨花区某小区2栋的电缆井发生火灾，大量的浓烟从五楼直接蹿上二十四楼顶楼，一对母子（租住在十五楼）在逃生过程中不幸遇难。2019年12月22日凌晨，广东省中山市，一小区住宅突发火灾，一家6口身亡。2019年12月21日早上7时许，陕西省西安市某大厦C座十楼一户民居发生火灾，造成2人死亡，死者系母女俩，年龄分别为60多岁和20多岁。2019年11月29日晚22时05分，河南省鹤壁市山城区一社区电子供销公司家属楼七楼居民家中发生火灾，1人跳楼逃生，经医院抢救无效死亡，另3人窒息死亡。2019年11月15日6时57分许，安徽省蚌埠市龙子湖区一门面房发生火灾，着火建筑为多层民用建筑，现场有5间沿街门面过火，二层局部有蔓延，过火面积约为150平方米，火灾造成5人死亡。仅仅2019年11—12月，全国各地发生了多起火灾亡人事故。虽然全国各个社区纷纷建起了微型消防站，加强科普宣传，但是，生活好了，可能面临的火灾危险却越来越多了，以上案例告诉我们，一方面，社区居民的火灾安全意识依然薄弱，住宅感烟火灾探测器的安装依然没有得到推广，尤其是老旧社区。另一方面，面对突如其来的火灾，社区居民的个人自救逃生装备不足，自救逃生能力仍然有待大幅提高。

本章主要介绍社区住宅发生火灾后遇险人员采取逃生、避险的方法和途径，常见火场逃生器材的种类和使用方法以及火场受伤的急救方法。目的是围绕火灾发生后逃生自救，帮助社区居民掌握如何正确应对火场的各种情况、如何安全逃生、如何实施自救互救，最大限度地降低火灾伤亡。

问题 82. 居民家庭如何制定火灾逃生预案？

在火灾发生时，如何能够成功逃生，有很多关键的因素。一方面，这取决于感烟火灾探测器的预警，而另一个很重要的方面，就是提前制定的火灾逃生预案。下面，让我们把家里的每个人都召集起来，检查每一个房间，检查所有可能的出口和逃生路线，一起制定一个火灾逃生预案。如果是有孩子或者老人的家庭，应该考虑在家里画一幅平面图，标出每个房间的两条出路，包括窗户和门。让我们一起来做吧。

1. 确定逃生路线与临时集合点

——检查所有可能的出口；要求每个房间都要同时找出两个出口，包括窗户和门。

——寻找所有可能的逃生路线；家庭火灾逃生预案应该能够确保房屋内的所有人从任意房间或者路线到达任意出口，或者说都能够从房间内撤离到一个安全的开放空间。

——一定不要忘记房屋附近的疏散楼梯，因为社区居民大多住在多层和高层建筑里面！

——高层建筑的居民如果不能立即离开逃生，可能要寻找更安全的“临时避难点”。

——指定一个远离房屋的临时集合点，如邻居家的大门口、路边大树下，或者周围的某个小商店等。

2. 画出家庭火灾逃生预案平面图

——在图纸上画出房屋平面图，如果房屋有2层或者以上，需要画出每层的平面图！

——在图上标出所有可能的逃生出口，包括门、窗或者楼梯。

——将第一步找到的逃生路线标在每一个房间，尽量为每个房间画出两条逃生路线。

——一定要在预案平面图中标出临时集合点。

3. 考虑特殊人群的需求

——在制订逃生计划时，要考虑到残疾人或行动不便的老人。

——如果家里的某个人高度近视或者耳聋，需要戴着眼镜或助听器才能找到出路，要确保这些物品总是放在床头柜或其他方便的地方。确保轮椅、拐杖等辅助工具放在使用者的床边，或其他随手可取的地方。

——对于那些行动不便的人来说，最好睡在房屋的底层。

——逃生时，如果可能，帮助儿童、残疾人或行动不便的老人一起逃生。

4. 到临时集合点集合，并给消防员打电话

——让每个人都记住火灾报警的“119”电话号码。任何一个家庭成员都可以在安全逃出后使用手机打电话报警。

——所有人逃出后都尽快到家庭火灾逃生预案中的临时集合点集合。

——一旦你逃出去了，就待在外面！在任何情况下，都建议你不要再回到着火的建筑物里去。如果有人失踪，打电话时通知消防队调度员。

5. 一定要经常演练逃生计划

——听到警报声要立刻逃生！在每一间卧室都要安装火灾探测器。可以安装独立式火灾探测器，如果有条件，建议在家中安装相互连接的火灾探测器。这样当一个火灾探测器报警时，房屋内所有地方都会响起警报声；当警报声响起时，立即离开！

——按照预案和家人一起演练，确保所有逃生路线畅通无阻，门窗可以轻松打开；通常，用于防盗的防盗门、窗户和阳台护栏往往成为逃生的障碍物。因此，在安装护栏、防盗门等的时候，不但要考虑防盗，还应考虑逃生。防盗门应易于开启，窗户和阳台护栏应在适当地方留下活动开口，如图 4–1 所示，便于在紧急情况下开启逃生。

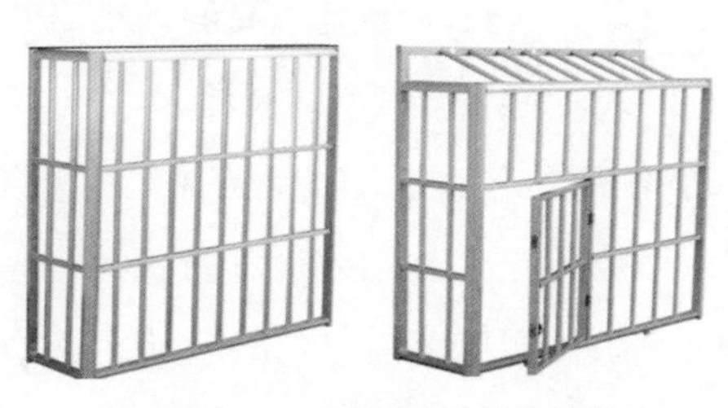

图 4–1　留有逃生口的防护栏

——试着蒙上眼睛练习逃生疏散，让所有人都能牢记逃生路线。

——如果家里有临时来访居住的客人，确保客人熟悉家庭火灾逃生预案的所有路线！

小贴士

住宅火灾很可怕，家庭预案帮助大；

逃生出口门或窗，可选路线备两条；

帮助弱小共逃生，家庭演练不可少；

防护栏上备出口，道路畅通无阻挡；
客人临时来落脚，逃生路线要记好；
逃出火场打电话，集合地点要记牢。

问题83. 住宅楼内人员如何能够尽早感知火灾？

火灾发生时，留给我们的逃生时间很短，通常只有几分钟。越早感知火灾的发生，我们逃生成功的概率越大。身处住宅楼内的我们，如何能够尽早感知火灾呢？

1. 味道

——电气火灾有前兆现象，要特别引起重视，就是电线因过热首先会烧焦绝缘外皮，散发出一种烧胶皮、塑料的难闻气味。所以，当闻到此气味时，应首先想到可能是电气设备着火。

——即使是很小的火，燃烧物尤其是现在常见的塑料、泡沫、海绵等化工制品着火后，发出的味道也能传到较远的地方。很多群死群伤的特大火灾案例，事前都有人闻到烧焦的味道，但往往没有人觉察到火灾的发生。因此，突然闻到烧焦东西的味道，应引起警觉，这种煳味往往是塑料、海绵等化工制品燃烧的味道，相当刺鼻难闻，毒性很大。

2. 热/温度

凡是物质燃烧，必有热量释放，使得环境温度升高，这是物质燃烧的基本特征之一。因此，物质燃烧过程所产生的温度变化是重要的火灾特征参数之一，如果环境温度突然变化，应警觉是否有火灾发生。

3. 烟雾

烟雾一般是指人眼可见的燃烧生成物，通常为粒径0.03 ~ 10微米的液体或固体微粒。由于普通可燃物质在燃烧过程所产生的燃烧气体和烟雾具有流动性和毒害性，能潜入建筑物的任何空间，因此，构成物质燃烧过程的又一特征。肉眼发现有烟雾存在时要警觉是否发生火灾。

4. 火焰光

火焰是物质燃烧产生的灼热发光的气体部分，物质燃烧到发光阶段，一般是物质的全燃阶段。这时物质燃烧反应的放热提高了燃烧产物的温度，并引起产物分子内部电子能级跃迁，因而放出各种波长的光。所以，火焰光作为燃烧的鉴别特征之一，也是重要的火灾探测参数。

5. 警铃

人在睡着的时候，人体对外界的感知能力下降，也是最“不设防”的时候，这个时候一旦发生危险，人体的反应时间就会变长，也许就在这段时间中，失去了逃生的机会。如果火灾发生在夜晚，人在休息的时候，更多依赖住宅内安装的火灾探测器或者住宅楼内的报警铃。听到报警声，此时应立即警觉，快速逃生。

6. 喧闹声

外面有人叫“起火啦”，大多数人一开始都没反应，还有人责怪：“谁又在大惊小怪。”这一责怪足以令警觉的人不好意思。直到明火终于出现在面前，很多的人才知道发生了火灾。因此，听到外面的喧闹声一定要警觉，快速判断是否有火灾。

问题 84. 房屋着火时有多少逃生时间？

在房屋着火后，我们有多少逃生时间呢？30 分钟，15 分钟，还是 5 分钟？事实告诉我们，可以用来逃生的时间真的很短！尽管每一场火灾都不一样，但与 30 年前或 50 年前相比，我们的逃生时间少了很多。30 年前，火场中的人们可能有 15 ~ 17 分钟的时间来逃离，但今天的我们可能只有 3 ~ 5 分钟的时间。如今的房屋火灾比以前烧得快，原因有以下几种：

1. 塑料制品越来越多

孩子们有很多的塑料玩具，厨房里更多的容器是塑料制品而不是玻璃制品，还有各类塑料厨具。家具、橱柜和地板上通常都有塑料或纸层压材料覆盖在改性或复合木基上，还用易燃的胶水把所有东西粘在一起。所有这些因素导致了更具破坏性的家庭火灾。

2. 石油产品和化学合成材料的大量使用

床上用品、枕头和沙发通常都含有石油产品和化学合成材料，它们的燃烧速度远远快于老房子里使用的材料和产品。统计结果表明，由软垫家具引发的火灾只占家庭火灾的 1% ~ 3%，但却造成了 15% ~ 20% 的火灾死亡。

3. 家里的东西燃烧产生的烟雾更大

家庭使用的物品材料的类型和设计的变化均有助于解释为什么现代家庭火灾燃烧速度比 30 年前快很多倍，产生的烟雾比 30 年前多 200%。此外，现代的家庭用品燃烧不仅产生更多的热量，也产生更多的烟雾。这种致命的烟雾充满了有毒气体，包括一氧化碳、二氧化碳、硫化氢、未燃烧的碳氢化合物和氰化物。

4. 房屋面积更大，层高更高

新型改善型住宅会有更加开放的大厅，每个房间的面积也更大，层高也更高。老房子往往有更多的小房间，这些房间往往有门。现在建造的房子有更多的开放空间，因为现代家庭希望达到这样的设计效果。开放式的平面布局，厨房对客厅开放，通常没有餐厅，每个房间都很大。

5. 房屋越大，可燃物越多

房屋越大，可燃物（家具、衣服、装饰等）可能就越多。这些现代趋势创造了更少的房屋隔间（容纳火灾的区域）和更大的空间，使得火灾可以迅速蔓延，并为燃烧提供更多的氧气。

一旦火灾发生，我们用来逃生的时间比想象的要少得多。因此，做好各种逃生准备，可能会挽救我们的家庭或者生命。

问题 85. 住宅楼火灾逃生中有哪些误区?

火灾既是一种突发性事故，又是一种危及人们生命财产安全的灾难性事故。发生火灾这种突发性事故常常使在场的人们产生一些异常的心理状态，从而影响疏散和逃生。同时，我们是否具备正确的消防常识，是否能够做出正确的行为选择，决定了一个人的生死。下面，我们就列举一些火场逃生中的错误行为或者误区。

1. 错误一：原路逃生

（1）错误行为：习惯原路逃生是最常见的火灾逃生行为模式。如果我们对逃生路线不熟悉，当发生火灾的时候，绝大多数是奔向习惯的路线，做逆向返回的逃生。倘若该通道被烟火封锁，则再去寻找其他入口。殊不知，此时已失去最佳逃生机会。

（2）解决方法：我们通过制定家庭火灾逃生预案，或者提前对住宅周围的环境和安全出口、疏散通道进行必要的了解与熟悉，确保一旦发生火灾可以快速自救逃生。不提前观察离自己最近的安全出口位置，而盲目按照习惯原路返回，这种舍近求远的做法，可能导致耽误最佳的逃生时机，而陷入困境。

2. 错误二：自高向下

（1）错误行为：俗话说，人往高处走，火焰向上飘。当高楼大厦发生火灾，特别是高层建筑一旦失火，人们总是习惯性地认为，火是从下面往上着的，越高越危险，越下越安全，只有尽快逃到一层，跑出室外，才有生的希望。殊不知，这时的下层可能是一片火海，盲目地朝楼下逃生，岂不是自投火海吗？

（2）解决方法：保持冷静，判断迅速。特别是对于只有一条疏散楼梯、不具备防火防烟功能的老旧民房，不要盲目沿楼梯疏散，如果楼梯内已经充满烟雾，可在房间内采取湿毛巾捂口鼻、往门上浇水冷却、往有新鲜空气的阳台躲避等方法，告知消防员你的具体位置，等待消防员救援。

3. 错误三：人越多的地方越安全

（1）错误行为：当人的生命突然面临危险时，极易因惊慌失措而失去正常的判断思维能力，当听到或看到有人在前面跑动时，第一反应就是盲目紧紧地追随其后，这就是从众心理。常见的盲目追随行为模式有跳窗、跳楼，逃进厕所、浴室等。如 2015 年“2·5”惠州市某小商品批发市场火灾中，曾有十几名群众一窝蜂地扎堆在四楼着火层的厕所躲避，火势扩大后这里受到烟火波及，如果他们能及时沿楼梯向下疏散，这起火灾不会演变成 17 人死亡的惨剧。

（2）解决方法：克服盲目追随的方法是平时要多了解与掌握消防自救与逃生知识，避免事到临头因没有主见而随波逐流。

4. 错误四：由于恐惧而躲起来

（1）错误行为：发生火灾时很害怕，往往会躲起来。最重要的是在火灾发生时千万不要躲在阁楼、床底、大衣橱里或其他类似地方，因为这些地方可燃物多，且容易聚集烟气，所以应立即逃生！

（2）解决方法：如果你在火灾中躲起来，消防员或其他救援人员不会知道你在哪里。试着尽你最大的努力保持冷静，找到距离出口最近的路，尽快离开房屋！

5. 错误五：湿毛巾是万金油

（1）错误认识：湿毛巾可以完全过滤火灾烟雾毒气，完全可以替代防烟呼吸器。

（2）解决方法：起火时湿毛巾可以滤掉烟气中的碳粉等颗粒，但是并不能滤掉一氧化碳等有毒气体，火场中用湿毛巾做呼吸保护有一定的局限性。我们建议，住在高层住宅楼的居民家中应备过滤式消防自救呼吸器，可以有效防止一氧化碳、氢氰酸、二氧化硫、氨、苯等有毒烟雾对人体造成的中毒、窒息等危害。

6. 错误六：匍匐爬行很安全

（1）错误行为：很多科普读物里告诉大家，发生火灾时，应该匍匐逃离火场，这样可以有效规避浓烟。这种做法也不完全正确。

（2）解决方法：逃离火场一定要在安全疏散逃生时间内进行，在火灾初期阶段，如果烟气不大，不需要匍匐逃生；如果逃生的人很多，后面的人容易踩到匍匐行进的人，发生踩踏事故，因此人多时要沿墙低姿行走。

总之，火场逃生要根据烟气层的高低决定，以不吸入浓烟为目的，可以弯腰逃生，低姿前进！

7. 错误七：电梯逃生速度快

（1）错误行为：住宅着火时，迅速乘坐电梯逃生。

（2）解决方法：高层大楼内发生火灾时，严禁使用电梯逃生。因为火灾有可能烧毁电力系统，导致电梯故障；如果烟气进入电梯井，形成烟囱效应，很容易危及生命。应该快速通过疏散楼梯逃生。

8. 错误八：浴室、卫生间是最好的避难所

（1）错误行为：很多人认为，着火时可以到浴室、卫生间避难，因为里面有水。

（2）解决方法：实际的情况是，卫生间一般空间狭小，如果没有通向户外的窗户，非常容易因缺氧致人昏迷或死亡；另外，很多卫生间、浴室都是塑钢门、铝合金门或者玻璃门，遇到高热情况就会变形，浓烟会迅速进入。所以，建议根据自家具体情况选择是否在浴室或者卫生间避险，不可误入歧途。

小知识

逃生时如何科学使用毛巾

1. 在逃生过程中，用毛巾捂住口鼻的原因是什么

实验表明，一条普通的毛巾如被折叠了16层，烟雾消除率可达90%以上，考虑到实用，一条普通毛巾如被折叠了8层，烟雾的消除率也可达到60%，在这种情况下，人在充满强烈刺激性烟雾的15米长的走廊里缓慢行走，没有刺激性感觉。

2. 火场逃生时，使用湿毛巾还是干毛巾

湿毛巾在消除烟雾和刺激物质方面比干毛巾更为优越实用，但注意毛巾过湿会使呼吸阻力增大，造成呼吸困难，因此毛巾含水量通常应控制在毛巾本身重量的3倍以下为宜。

小贴士

火场逃生切莫慌，慌慌张张没主张；
原路逃生不可取，逃生路线记心上；
自高向下有条件，盲目冲下会烧伤；
盲从心理不要有，沉着冷静信自己；

胆小恐慌勿躲藏，床底橱柜危险大；
逃生面罩效果好，家中常备保安康；
匍匐爬行视情形，人多沿墙防踩踏；
电梯逃生需放弃，浴室避难看情况。

问题 86. 高层住宅建筑安全疏散通道有哪些?

随着城市的发展，城市中的高层建筑也越来越多。越来越多的人选择居住在高层建筑中。高层建筑在我们的生活中越来越常见，当高层建筑失火时，电梯停止工作，住在高层的人不能马上下楼，此时您知道有哪些可以利用的逃生选择吗?

1. 避难层

（1）避难层的定义。避难层是建筑内用于人员暂时躲避火灾及其烟气危害的楼层。

（2）避难层的作用。设置避难层的主要作用是给来不及疏散的人群提供避难场所。

（3）避难层的设计要求。避难层的设置，自高层建筑的首层至第一个避难层或者两个避难层之间，不宜超过 50 米（见图 4–2）。

（4）避难层的设施。通向避难层的防烟楼梯应在避难层分隔、同层错位或上下层断开，使人员均必须经避难层方能上下；应设置消防电梯出口、消防专线电话、消火栓和消防软管卷盘。封闭式避难层应设置独立的防烟设施，应急广播和应急照明，且其供电时间不小于 1 小时。

（5）如何利用避难层。如果火灾发生在避难层以下，可到距离火源较远的避难层等待救援。安全楼梯都途经避难层，顺着楼梯往下跑的时候，会强制性地让逃生人员进入避难层。

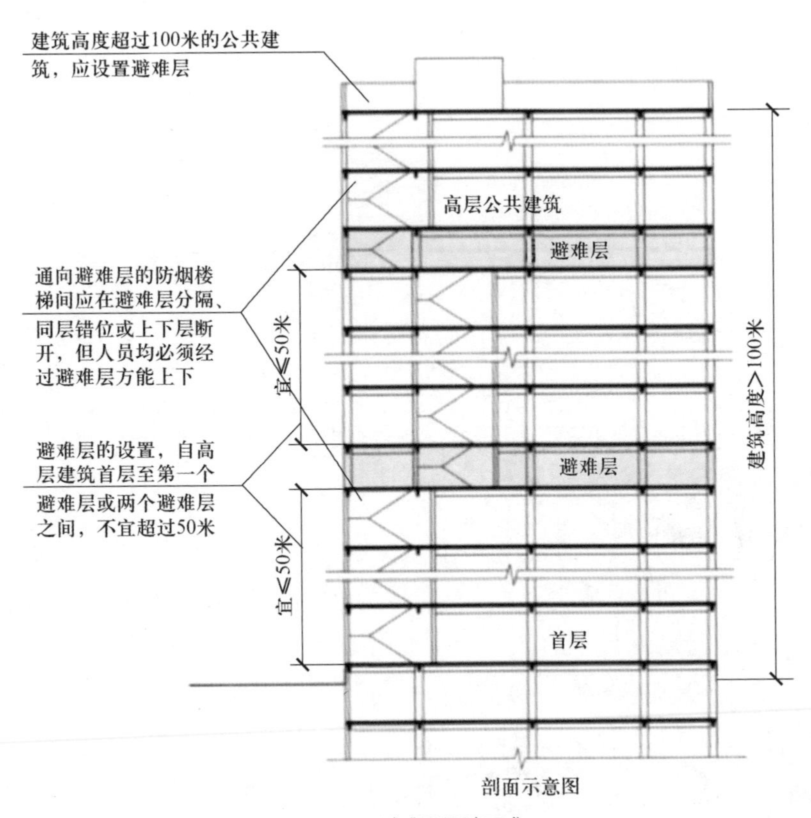

图 4-2　避难层设计要求

（6）特别提示。避难层并不是绝对安全的场所，它受建筑本身的耐火等级限制，因此，如果火灾发生在避难层以上的楼层，在具备安全疏散条件的情况下，还是应尽快疏散到室外安全地区。

2. 消防连廊

（1）消防连廊的定义。通常设计在楼体外的疏散楼梯，专业名称叫连廊。在单元式高层住宅建筑的连廊当中有专门的消防疏散连廊，如图 4-3 所示。

图 4–3　高层建筑的消防连廊

（2）消防连廊的作用。消防连廊的主要作用是连接相邻两个单元，然后做疏散通道使用。连廊的存在还可以极大地增加高层住宅的安全性。

（3）消防连廊的设计要求。超过 18 层的住宅，超过部分每层都要设计一个连廊，连廊设计要求是净宽 1.2 米，高不低于 1.4 米，承重达到正常楼面要求。

（4）消防连廊的使用。在火灾情况下，居民可以通过连廊进入其他单元，远离火灾现场安全逃生，保障自身的生命安全。

（5）特别提示。住户不能占用消防连廊，以免影响紧急情况下人员的疏散；同时，连廊不可以锁闭。

问题 87. 当楼梯间有烟时，是选择往上跑，往下跑，还是回房间?

着火了，向上跑还是向下逃，是住在高层住宅朋友们关心的话题。火场逃生没有固定模式，不同楼层有不一样的逃生法则。

——保持冷静，判断火情。一定要保持冷静，对当前形势做出正确判断，弄清楚火源位于第几层。

——正确选择，安全逃生。

1. 如果身处着火楼层以下位置

火灾中，烟气主要是向上方蔓延的。一般来说，如果您处于着火层的下方，轻易不会受到烟气的威胁，可以向下安全逃离火场。

2. 如果身处着火层或着火层以上位置

（1）要首先判断室外是否有浓烟。正确的方法是，轻轻触摸门把手，看看是不是热的。如果觉得门把手很热，千万不要开门，此时门后面很可能已经着火，如果此时把门打开，火势很可能会立刻蔓延过来。注意，要用手背感觉门把手，而不是手掌。因为手背上较薄的皮肤更加敏感，还可防止手掌被灼伤。如果烫手，这时应停留室内，利用湿毛巾、湿衣物或者淋湿的床单、被子将临近火场的门窗封堵好，防止烟气进入室内，并在门窗上泼水降温，避免火势烧到室内，之后到窗口呼救。

（2）如果门不烫手，可以将门打开一个小缝，确定室外没有浓烟时，再进行逃生。在火势较小时，可以把浸湿的棉被披在身上，用湿毛巾捂住口鼻，沿着消防通道往下逃生。

（3）假设逃到十楼，发现起火点在九楼怎么办？千万不要幻想可以突破火点，火场中心温度有 1 000 摄氏度以上，也尽量不要在临近楼层停留，那里的温度也有几百摄氏度左右。这时，应当迅速转身上到十二层或者十三层以上，找一个合适的房间避难。

（4）可不可以向上逃生？如果您对建筑物结构很了解，知道向上一至两层可以直接到达楼顶平台，可以选择向上逃生。平时，我们应当对所处建筑环境进行熟悉，避免在发生危险时慌不择路，找不到出口。

小贴士

高层住宅太复杂，着火跑上又跑下；
身处着火楼层下，安全逃离不要怕；
身处着火楼层上，判断火情来应对；
门外有火快躲避，门外无火快逃离；
遇到火点莫要冲，迅速转身向上爬；
楼顶平台亦可选，逃生环境要熟悉。

问题 88. 住宅楼火灾逃生过程中如何避免热烟气的伤害？

“是火三分烟”，烟气是火灾中的蒙面杀手，火场中的烟气不仅温度高，而且多含有大量的有毒气体，如一氧化碳、硫化氢等。火场上，大部分人往往并非直接被火烧死，而是被火灾中产生的浓烟灼伤或熏死。因此，在逃离火场的过程中，不仅要避火，还要采取防烟措施。

——利用防毒面具防烟、防毒。

过滤式防毒面具，它能过滤烟雾中的烟粒子和一氧化碳等毒气。若确认已发生火灾，应迅速戴上防毒面具。建议社区居民条件允许的话，家中可配备防毒面具。

——利用简易防毒工具防烟、防毒。

发生火灾后，可将毛巾、衣服、软席垫布等织物叠成多层捂住口鼻，可以起到防烟、防毒的作用。

——贴近地面或爬行穿过烟热区。

在火灾的初期阶段，有限的烟雾聚集在房间上部，靠近地面的烟气和毒气比较稀薄，能见度相对较高，而上部的空气中含有大量的有毒气体，所以，逃离火场应该避免直立。在穿过烟雾区时，应采取低姿行走或爬行脱离险区。同时，还可以穿上浸湿的不易燃烧的衣服或裹上浸湿的床单、毯子等以防止高温侵害。

问题 89. 如何利用疏散楼梯从高层住宅逃生?

住宅着火怎么办？测试表明，小火点燃一把椅子的坐垫，扩展到其他可燃装饰，在一个典型的客厅产生足够的热量和致命烟雾仅仅需要 3 ~ 5 分钟。经验法则：我们有大约 3 分钟的时间来逃离发生在晚上睡觉时的火灾。高层住宅着火时，如何才能利用疏散楼梯逃生呢？

1. 疏散楼梯最可靠

（1）发生火灾时，不要乘坐普通电梯，因为一旦电梯出现故障，就会被卡住。如果电梯井失火，形成烟囱效应会非常致命。

（2）应迅速从楼梯间沿墙体一侧成单排纵队往下走，以防阻挡上来救援的消防员。

2. 捂住口鼻，低姿前进

（1）进入安全通道后，要记住低姿前进，因为烟雾集中在高处，人站姿较高，很容易被呛到。同时，当逃生路上有烟雾的时候，吸入过量的烟雾会使人昏迷，失去知觉，而火场的烟雾和有毒化学物质大多会聚集在上部空间，相对新鲜的空气会离地面最近。另外，保持低姿将增加能见度，相对清楚地看到逃生路线。

（2）高层建筑疏散楼梯间有烟时，火灾烟气具有温度高、毒性大的特点，一旦吸入后很容易引起呼吸系统烫伤或中毒，因此疏散中应用湿毛巾捂住口鼻，以起到降温及过滤的作用。

3. 随手打开外窗

在向下走的同时，若疏散楼梯间有烟时，可以边走边打开外墙窗户，既能补充新鲜空气，又能增加排烟效果。

4. 随手关闭防火门

若高层建筑发生火灾，居民进入楼梯间后，一定要关闭每层楼的防火门，防止烟、火进入楼梯间。

5. 可上楼顶等待救援

当高层建筑着火时，向下的安全通道被大火封堵无法逃生时，可逃至楼顶避险或等待消防员救援。

6. 可借助手电筒照明

（1）夜间或断电时，应用手电筒照明，持手电筒者要走在最后，光线向下。

（2）高层逃生时，注意察看转弯平台处层标，互相鼓励，增强向下逃生的信心。

（3）建议家中常备应急照明手电筒、过滤式消防自救呼吸器、口罩或毛巾。

小知识

烟气流动速度有多快

烟气在垂直方向的流动速度为每秒 3 ~ 5 米，是水平方向流动速度的 8 ~ 10 倍。以一栋 33 层高的建筑为例，烟气在没有阻挡的情况下，30 秒左右即可通过疏散楼梯从底层蔓延到顶层。

小贴士

疏散楼梯最可靠，高层逃生安全高；

沿着墙体一侧走，单排纵队畅通道；

捂住口鼻防烟雾，随手关闭防火门；

外墙窗户随手开，增氧排烟快逃生；

借助手电可照明，扶老携幼多鼓励；

向下通道若堵住，登上楼顶亦可逃！

问题 90. 如何在房间内避险？

即使你有周密的火灾逃生计划，并且你遵守了公寓火灾安全检查表，你仍然可能成为火灾的受害者，被迫困在高层住宅的房间里，而你下面的大楼正在燃烧。火灾发生时，如果不能立即逃生，只能临时在房间内避险，那么此时人一定要保持冷静，有时候情况都不是很糟糕，果断采取自救措施，主动逃生或积极等待救援，使自己能够生还的概率最大化。具体来讲，我们应该做到以下几个方面：

——保持冷静，不要慌。

一定别慌，虽然我们知道很可能做不到。但是，保持冷静是至关重要的，只有保持冷静，做出正确选择，才能给自己和家人争取最好的生存机会。

——无路可逃，寻找临时避火点。

通常来讲，满足以下条件的房间比较适合暂时躲避：烟雾较轻，氧气充足；靠近楼内主要通道；必须有窗户且没有防盗窗；有足够的水；最好是满足建设标准的避难间。

——关上你和火之间的所有门窗。

首先关闭所有的门窗，防止建筑物外面的烟雾从开着的窗户进入。

——打电话给消防队。

当实在无路可逃时，你要尽你所能让消防救援人员知道你的位置。打电话给消防队，告诉他们有人被困住了，告诉消防队你的确切位置。让他们知道你在公寓的几楼、你在房间里的确切位置，以及你能提供的任何其他细节，这样他们就能尽可能快地找到你。

——堵住所有通风口。

把所有的通风口都堵上，关上门，用毛巾、衣物等塞紧门缝，这将有助于防止烟雾和大火进入房间。如果取水方便，可以用水降温。

——向外界发送信号。

可在窗口、阳台等处向外大声呼叫、敲击金属物品或投掷软物，挥动手电筒或浅色衣物引起救援人员的注意。

——有条件时进行自救。

如住的楼层比较低，应进行自救，将床单、被套、窗帘等撕成条，拧成绳子，绑在暖气管、窗框、床架上等，顺绳索沿墙缓慢滑到地面或下到未着火的楼层而脱离险境。若所在楼层距地面太高，可下到无危险楼层时，向室内居民求助。

小贴士

大火封门太可怕，保持冷静莫惊慌；

如若逃生无退路，临时避难要科学；

房间有水又有窗，避火降温有主张；

封堵门缝避烟火，衣服毛毯均可选；

电话呼救衣物挥，表明位置有希望；

低矮楼层多选择，绳索逃生自救强。

问题 91. 居民家庭消防应急包应配备哪些器材?

居民家庭消防应急包的主要作用是在火灾来临时的急救逃生。应急包里面一般配置消防器材用品、逃生工具和简单处理外伤的药品以保证自救，如图 4–4 所示。虽然它的使用概率非常低，但万一用上它，说不定就能救回自己或别人的生命。下面，让我们来认识一下。

消防应急包分好多种，有四件套、五件套、七件套、八件套等，里边常见的有过滤式消防自救呼吸器、安全绳、干粉灭火器、灭火毯、手电筒、消防手套、医疗急救包等。其中，过滤式消防自救呼吸器、灭火器和强光手电筒通常是必配器材；当然，我们还能根据实际需要，配上其他不同的

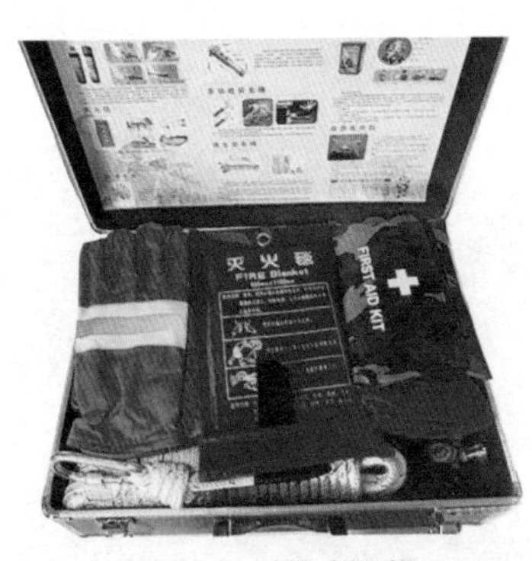

图 4–4 消防应急包

设备。

1. 过滤式消防自救呼吸器

过滤式消防自救呼吸器在火灾发生的时候可以有效过滤烟气，是家庭逃生的必备品。

据统计，火灾中造成人员死亡的大部分原因是吸入高温有毒的浓烟，过滤式消防自救呼吸器作为突发火灾时的逃生装备，由阻燃隔热材料制成。眼窗为弧形结构，视野更广阔。口鼻罩曲面与头面部吻合严密，漏气系数小。头罩上使用了反光材料，增强了火场的识别能力。滤毒罐可以有效地防护由于各种材料燃烧而产生的有毒有害气体，特别是对一氧化碳和氢氰酸等有极好的防护功能，如图 4–5 所示。过滤式消防自救呼吸器要根据家里的实际人数配备，同时，还区分成人款和儿童款。

2. 便捷式干粉灭火器

便捷式干粉灭火器，是一种可携带式的灭火工具，家庭可根据自身情况的不同来配备。扑救火灾的好时机就是火灾初期阶段。家庭火灾初起时，火势不大且可在保证自身安全的前提下用灭火器灭火。通常一个 1 千克不锈钢干粉灭火器（见图 4–6）就可以扑灭初起火灾。小火灭得了，就不会有大火，更不用跑!

3. 强光手电筒

起火，往往意味断电。楼内很多地方会陷入黑暗，还会有伸手不见五指的浓烟。逃生时，强光手电筒对我们帮助很大。另外，如果被迫暂时躲避在某个房间，可以透过窗户使用强光手电筒发出信号，引导消防员进行救援。

4. 安全绳

如果楼梯间已经满是浓烟烈火，我们有必要考虑从窗外逃生。与

图 4-5　过滤式消防自救呼吸器

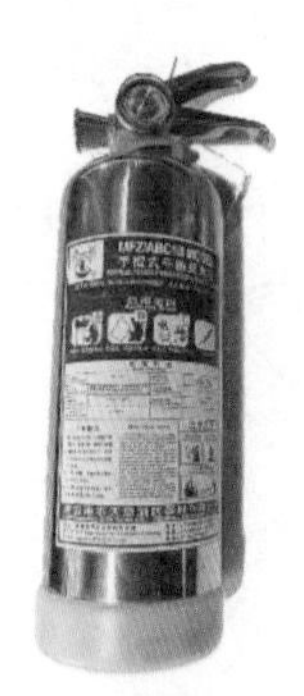

图 4-6　不锈钢干粉灭火器

床单打结相比较，毫无疑问，安全绳（见图 4-7）的安全系数更高。有条件的，可以把安全绳升级成逃生缓降器，逃生缓降器的安全系数更高。记住，较低楼层使用比较安全。较高层被火困时要根据现场烟火形势采取更加正确的逃生措施。

5. 灭火毯

灭火毯（见图 4-8）的别名有很多，如消防被、防火毯、逃生毯等。灭火毯是由玻璃纤维等材料经过特殊处理编织而成的织物，可以隔离热源及火焰。家里油锅着了，可以用它盖住油锅把火“窒息”。房子着火的时候，也可以把它披在身上来逃生。

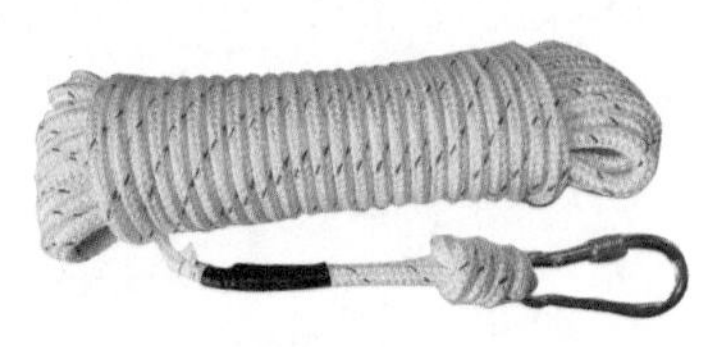

图 4-7　安全绳

图 4-8　灭火毯

6. 求生救援口哨

求生救援口哨（见图 4–9）的声音会引导冲进楼内救人的消防员相对迅速地找到你的位置。

7. 消防手套

消防手套（见图 4–10）也被称为耐高温手套、高压绝缘手套，它可以隔热、阻燃、耐酸碱、抗油、防水、绝缘。在应急情况下消防手套可以保护双手不被烫伤，同时，用安全绳的时候消防手套也能保护双手。

图 4–9 求生救援口哨

图 4–10 消防手套

8. 消防腰斧

消防腰斧（见图 4–11）具有平砍、尖劈、撬门窗和木楼板、弯折窗门金属栅条等功能。消防腰斧可用于灭火与抢险救援中破拆，火场上，可劈开被烧变形的门窗，自救逃生或解救被困者，但是不能破拆带电电线或带电设备。

图 4–11 消防腰斧

9. 医疗急救包

医疗急救包是一款综合性急救用品，是在家庭发生火灾、割伤等突发事件或者地震等自然灾害时使用的家庭必需的急救用品。一旦发生意外，可用急救包中的物品进行自救与互救，保证家庭成员的安全。通常，医疗急救包内包括消毒液、绷带、大小创可贴等，家庭可根据需要进行配备。在火场中被烧伤，可使用医疗急救包进行紧急包扎救护。

问题 92. 逃生缓降器如何使用?

高层建筑发生火灾时正确使用逃生缓降器应急逃生，已经成为高层居民的一项必备技能。逃生缓降器是一种可使人沿（随）绳（带）缓慢下降的安全营救装置。使用者先将挂钩挂在室内窗户、管道等可以承重的物体上，然后将绑带系在人体腰部，从窗户上下落缓缓降到地面。逃生缓降器每次可以承载约 100 千克重的单人个体自由滑下，其下滑速度约为每秒 0.5 ~ 1.5 米，从二十层楼上降到地面约需 1 分钟，根据人体重量的不同，略有差异。

1. 组成

逃生缓降器（见图 4–12）主要针对普通家庭和个人使用，其由调速器、安全带、安全钩、钢丝绳等组成。

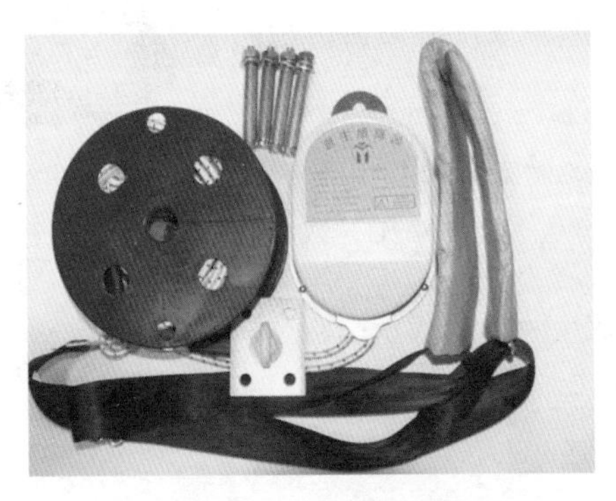

图 4–12　逃生缓降器

2. 使用方法

火灾时，打开应急窗口推出悬挂架或取出逃生缓降器，将安全钩挂于窗口或阳台预备的安装架或其他可靠的固定物上，必要时可采用配备的辅助绳索捆绑较大的固定物，并将安全钩挂于辅助绳索上使用；将绳索卷盘投向楼外地面以便松开滑降绳索；将安全带套于腋下，拉紧安全带扣环至适合的松紧位置；手抓安全带，从窗口或阳台，面向墙壁跳落，切勿手抓上升的滑降绳索；着地站稳后，滑降绳索另一端的安全带已升至原来开始缓降处，第二个人即可套上安全带按同样方法滑降逃生，依此往复，连续使用。

3. 使用时的注意事项

——选购逃生缓降器时，应根据预定的安装高度选择适宜的滑降绳索长度规格，宁长勿短。

——应存放在安装位置附近的显眼及通风干燥处，禁止与油脂、腐蚀性物品及易燃物品混放。

——定期检查，发现异常应与生产厂商联系，严禁擅自拆卸主机；严禁往主机内注油，以免摩擦块打滑而造成事故。

——预定安装时，应选择火灾时最容易缓降逃生的位置。

——应避免在烟火区内使用逃生缓降器；尽量避免滑降绳索与墙壁或其他尖锐物品接触摩擦，以免影响滑降速度及损伤滑降绳索。

——滑降绳索的使用寿命，因使用情况不同而异，发现编织层明显剥落、破损时，须及时更换新绳。

问题 93. 逃生滑道如何使用?

随着高层建筑的不断增多，高层建筑火灾也越来越多，逃生避难器材则显得更重要。在众多的逃生避难器材中，逃生滑道因安全性强越来越受到人们的青睐。逃生滑道是一种高科技逃生避难器材，是使用者靠自重以一定的速度下滑逃生的一种柔性通道。逃生滑道最大的特点是逃生速度快，可以帮助逃生者以每分钟 30 人的速度快速地逃离火场或危险区域。其适用的人群广泛，老人、儿童、孕妇、行动不便人士都能利用逃生滑道成功逃生。

1. 产品操作使用说明

火情发生时，应由专职安全员第一时间到达设备地点，进行逃生准备；应在设备入口前按顺序排队，老人、儿童及行动不便人士优先，依次进入通道入口。人员依次进入入口的时间间隔在 3 ~ 5 秒为宜。逃生滑道使用方法如下：

第一步，使用时移开上盖，并将入口门打开；

第二步，将逃生入口框架，推出窗外展开定位；

第三步，先将沙包丢入逃生布管固定框内，再将布管依序放入逃生入口框架内，使布管固定框架定位；

第四步，脚踏梯板而上，脚下头上，双手自然往上举；

第五步，双脚脚尖向下，自然下滑，以身体重量下滑到地上，双脚落地，蹲下，头部脱离缓降管。

2. 使用安全须知

——老人、儿童、孕妇、行动不便人士，必须由正常成年人辅助乘跳，避免自行攀爬造成跌落及其他意外。

——乘跳前，需确认摘掉佩戴的金属饰物等尖锐物品，以免对自身造成伤害，避免遗落在下降通道内对后续乘跳人员造成伤害。

——乘跳人员必须排队按顺序下降，不可拥堵在通道入口处争抢拉扯。多人连续乘跳时每人次必须间隔 3 ~ 5 秒才可进入逃生滑道，以免造成通道内卡滞及互相碰撞伤害。

——乘跳人员尽量不要穿皮鞋，女士高跟鞋必须脱掉，最好只穿棉袜。必须将散腿裤裤腿扎束于袜子内，避免下降过程中裤腿卷起造成脚踝及膝盖摩擦损伤。避免穿短袖上衣乘跳，防止肘部摩擦损伤。

——下降过程中可通过双臂开合幅度控制下降速度，双臂张开时双手应放于面部前端，辅助保护避免面部皮肤与滑道内壁摩擦损伤。

问题 94. 逃生软梯如何使用?

救生软梯是一种用于营救和撤离火场被困人员的移动式梯子，可收藏在包装袋内，在楼房建筑物发生火灾或意外事故，楼梯通道被封闭的危急情况下，便于人员逃生和营救人员的简易有效工具。逃生软梯由钩体和梯体两大部分组成。主梯用绳的直径大约 16 毫米，在绳子中内置航空级钢丝包芯，可以起到防火的作用。软梯一般长 10 ~ 30 米等，荷载 1 000 千克，每节梯登荷载 150 千克，最多可载 8 人。悬挂式逃生梯主要适合 6 层及 6 层以下的逃生使用。

——使用救生软梯时，要把挂钩安放在窗台或阳台上；

——同时要把两只安全钩挂在附近牢固物体上；

——然后将梯体向外垂放，形成一条垂直的救生通道；

——当沿梯而下时，手与脚用力要保持适中，身体紧贴梯子，防止换手时软梯偏转或摇动；

——两手不准同时松开，以防脱手造成坠落伤亡。

问题 95. 逃生安全绳如何使用?

逃生安全绳是火灾逃生的重要工具之一，在高层建筑中使用较多。火场疏散逃生时，遇到无路可逃从窗口处使用逃生安全绳可快速逃离。逃生安全绳表面均增加了阻燃剂，使其在高温燃烧下不容易被烧断，具有耐火、耐高温性能。

1. 使用方法

首先要找到坚固的固定物，将绳子打好结绑在固定物上（如柱子、栏杆、窗户的边框等），要确定固定物是否牢固，这一步至关重要。

系好安全带和 8 字环、挂扣相链接。将绳索从大孔伸出来，再把绳索绕过小环，打开主锁的钩门，将 8 字环的小环挂进主锁。

检查并确认各个环节安全无误后，将逃生安全绳扔至窗户外，然后沿着墙面下降。

2. 注意事项

——逃生人员需对双手进行有效防护措施（如手套、棉布、毛巾、衣物等），以免在下滑时直接与绳索摩擦会对使用人员的双手造成伤害。

——使用逃生安全绳时应避免接触利器，硬物或与墙角发生摩擦，那样会导致逃生安全绳断裂而使逃生人员发生危险。

——使用逃生安全绳时如接触墙角，必须对绳索进行有效保护，可在与绳索发生接触的墙角处铺垫棉被、衣服等，以缓解对绳索的损伤。

问题 96. 过滤式消防自救呼吸器如何使用?

过滤式消防自救呼吸器，俗称火灾逃生面罩（见图 4-13），是一种保护人体呼吸器官不受外界有毒气体伤害的专用呼吸装置。它

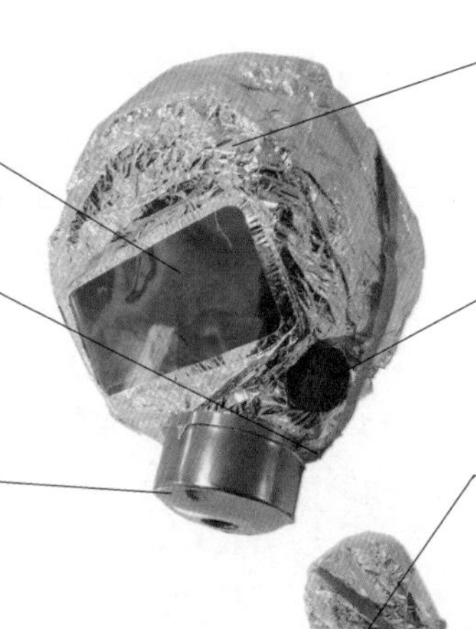

图 4–13　过滤式消防自救呼吸器结构图

利用滤毒罐内的药剂、滤烟元件，将火场空气中的有毒成分过滤掉，使之变为较为清洁的空气，供逃生者呼吸用。随着社区居民消防安全意识的提高、消防宣传教育的普及，过滤式消防自救呼吸器逐渐走入居民家中，成为常备的应急逃生装备。突发火灾事故时，它是必备的个人防护装置，关键时刻能救命。

过滤式消防自救呼吸器的使用方法：

——发生火灾时，不必惊慌，打开包装盒取出过滤式消防自救呼吸器。

——拔掉前后两个罐塞（此步骤为使用重点，切记！），如在使用过程中不拔掉前后两个罐塞，吸气口封闭会导致窒息死亡。

——将过滤式消防自救呼吸器戴进头部，向下拉伸至颈部，逃生面罩的滤毒罐应该置于鼻子前部。

——拉紧头带，确保过滤式消防自救呼吸器能够安全地保护头部。

——保持平静，保持正常的呼吸次数，选择最安全的逃生通道，尽快逃出。如果实在逃不出来，站在窗前等可以被人明显发现的地方，等待救援。

小知识

过滤式消防自救呼吸器的使用注意事项

1. 过滤式消防自救呼吸器可以重复使用吗

（1）过滤式消防自救呼吸器仅供一次性使用，不能用于工作保护，只供个人逃生自救使用。

（2）只要撕破塑料包装袋，即使没有在火场使用，也同样视为呼吸器已失效不能再使用。

2. 任何情况下都可以使用过滤式消防自救呼吸器吗

过滤式消防自救呼吸器不能在氧气浓度低于17%的环境中使用。

3. 佩戴过滤式消防自救呼吸器后可以在火场停留多久

过滤式消防自救呼吸器面临滤芯极限的问题，佩戴好后要立即离开火场，不能因为佩戴好简易呼吸器而有恃无恐，耽误逃生的宝贵时间！

4. 过滤式消防自救呼吸器大人小孩都能用吗

过滤式消防自救呼吸器的基本设计尺寸有两种，可以分别适用成人或者儿童。

5. 过滤式消防自救呼吸器应该放在哪里

存放时，应放置于干燥通风、无腐蚀物质的环境。

问题 97. 化学氧消防自救呼吸器如何使用?

化学氧消防自救呼吸器是一种自生氧的往复式闭路呼吸系统的自救设备，不受外界气体成分条件的限制，可以在各种有毒气体及缺氧的环境下使用。生氧剂与人呼出的二氧化碳和水汽发生化学反应生成氧气，供自救人员使用。它主要是在煤矿采掘工业中发生瓦斯爆炸、火灾等灾害时，作为逃生自救仪器使用。

1. 使用方法（见图 4-14）

——取下自救器，用手去掉橡胶保护带。

——搬起扳手，取下并扔掉封口带。

——取下并扔掉上外壳。

——从下外壳中取出生氧剂罐和气囊。

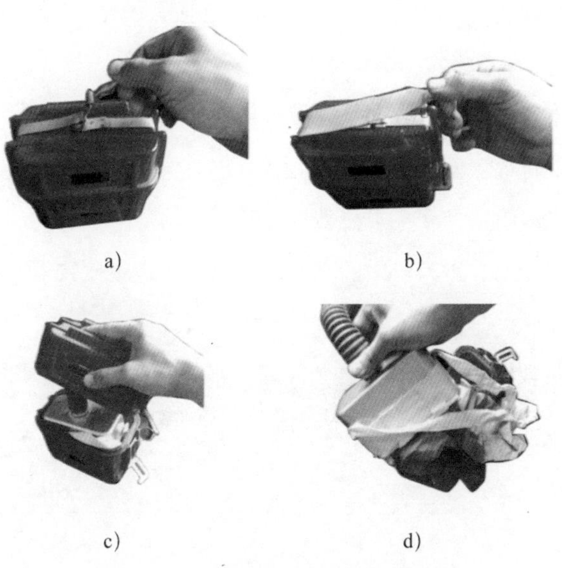

a)　　b)

c)　　d)

图 4-14　化学氧消防自救呼吸器使用方法

——提起口具并立即戴好。用力提起口具，靠拴在口具与启动环间的尼龙绳的张力将启动针拉出，气囊逐渐鼓起。此时拔掉口具塞并同时将口具片置于唇齿之间，牙齿紧紧咬住牙垫，紧闭嘴唇。一旦尼龙绳被拉断气囊未鼓起，可以直接拉动启动环。

——夹好鼻夹。两手同时抓住两个鼻夹垫的圆柱形把柄，将弹簧拉开，憋住一口气，使鼻夹准确地夹住鼻子。

——调整挎带。如果挎带过长，抬不起头，可以拉动挎带上的大圆环，使挎带缩短，长度适宜后，系在小圆环上。

——退出危险区。上述操作完成后，开始离开危险区。若途中感到吸气不足时不要惊慌，应放慢脚步，做深呼吸，待气量充足时再快步行走。

2. 注意事项

——佩戴人员必须经过专业性技术培训，能在 20 ~ 30 秒内正确佩戴完毕。

——未脱离危险区，严禁摘掉口具、鼻夹。

——该自救器要求由专业人员进行定期检查。

——未遇险情，个人不得私自打开自救器。

——佩戴时，进入口中的空气热而且干燥，说明仪器在有效工作，是正常现象，严禁因吸入热气难受而取下自救器。

——自救器只能使用一次。

问题 98. 人身起火怎么办？

身上着火，一般都是衣服着火。衣服着火后会很快蔓延，把受害者卷入火焰中。某些类型的衣服，特别是合成纤维的衣服，可能会融化并粘在皮肤上。减少火焰伤害的最好方法是尽快扑灭燃烧的织物。

如果人身上一旦突然着火，一般是衣服先着火，人一跑，火就会更猛烈地燃烧起来，奔跑只会加速火势，还会把火种带到别处，引燃周围的可燃物。在慌乱中，可能会造成严重烧伤。

身上衣服着火时的 3 个自救步骤：

——停止。不要跑或挥动手臂。这个动作会煽起火焰，使烧伤更加严重。虽然你可能想要伸手去拿水或寻求帮忙，但你必须抑制住这种冲动，在原地停下来。

——蹲下。迅速趴在地上，用手捂住脸。平躺着，双腿伸直，让身体尽可能多地接触地面，以扑灭火焰。遮住脸有助于防止面部烧伤。

——翻滚。一遍又一遍地翻滚，尝试扑灭火焰。注意什么地方在燃烧，把注意力集中在身体的那个部位。

如果可能的话，选择毯子或者其他厚的、不易燃的材料（如麻袋、帆布等）帮助灭火。你可以试着滚动它来帮助扑灭火焰。

通常，在哪里“停止”，就在哪里“翻滚”！但是，不要在薄毯子、床单或塑料上打滚，因为可能会不小心把这些材料烧着。把身上的火焰蔓延到另一种物体上可能会导致着火面积的快速扩大。在这种情况下，在停止和蹲下之前，先向周围可燃物较少的地方多走一步。

一旦火熄灭，用水冷却被火烧伤的部位并迅速拨打“120”。如果衣服和身体粘为一团，千万不要试图剥离！

如果你看到别人身上着火时，应该怎么做?

——如果可能，用水或灭火器灭火。需要注意，灭火器的化学物质可能会使伤口发生感染。

——如果可能，将手边能找到的麻袋、帆布或者厚棉被等厚的、不易燃的物品盖住着火部位，窒息灭火。

——如果可能，帮助受害人脱衣服。人身上突然着火时，一般只是衣服先着火，如衣服能脱下来时，就尽可能迅速地脱下；如果衣服是纽扣的，应快速地从两边撕开；如果是拉锁的，应尽快解开拉锁，撕脱衣服。然后，迅速将着火的衣服扑灭。

小贴士

身上着火不要慌，沉着冷静自救强；
停止蹲下快翻滚，遮脸防护不能忘；
麻袋帆布厚棉被，窒息灭火因缺氧；
快速脱衣远危险，就近取水快帮忙；
口诀一定要牢记，自救互救美名扬！

问题 99. 火场烧伤如何急救?

当火场中遇到人体被烧伤时，首先应进行急救处理，这样既能大大减轻伤者的痛苦，又能为送往医院抢救提供有利条件。家庭急救处理措施如下：

1. 迅速采取急散热法

急散热法是医学上急救处理小面积表皮浅层烧伤既简单而又有效的措施，具体包括：

（1）烧伤后立即脱去着火的衣服。

（2）迅速用清洁的冷水、冰水浸泡或冲洗被烧伤的部位。

（3）不能浸泡的胸、背部位可用冷水浸湿毛巾进行冷敷。

（4）浸泡时间应持续 20 ~ 30 分钟，至疼痛减轻或消失为止。

2. 保护创面，防止感染

（1）在烧伤创面水泡已破的情况下，不能采用以上急散热法，以免感染。

（2）创面上起水泡时，自己不要随便将水泡刺破或剪去浮皮，也不要勉强去消除创面上附着的异物。

（3）应先用干净的白纱布、手帕、毛巾或衣服等棉纺织品进行包扎，防止创面受感染。

（4）较大面积的深度烧伤者，对创面进行保护，立即送医院抢救。

3. 保持呼吸畅通

（1）烧伤面积和深度较大时，伤者容易因剧烈的疼痛而出现昏迷。

（2）应把伤者平放在床上，头部放低，脚部垫高，解开衣扣，给其嗅闻十滴水。

（3）伤者如果出现呕吐现象，应将其头部歪向一侧，以免呕吐物被吸入气管或肺泡内。

4. 补充盐水，避免虚脱

（1）为防止烧伤面积和深度较大的伤者出现虚脱情况，可每隔15分钟左右给伤者喝半杯葡萄糖盐水或淡盐水。

（2）切忌给伤者喝大量的白开水或糖水，因为这样做会加重伤者皮下组织水肿。

小知识

烧伤后为什么要用冷水浸泡

人体烧伤后皮肤损坏程度和病理变化与温度高低及高温作用的时间长短有关。用冷水浸泡烧伤创面可以降低皮下组织的温度，限制毛细血管扩张，使烧伤部位皮下组织的损伤程度控制在最小范围。因此，烧伤后用冷水浸泡的时间越早，治疗效果越好。

问题100. 火场受创后大量出血如何急救？

如果火场受创后大量出血，需要进行现场紧急救助。

1. 保持清洁，原位施救

如果可以的话，最好在你止血之前清洗干净你的双手，并且戴上医用手套（医疗急救包里有），以免受到感染。

不要把已经移位的器官移回原位。如果伤口在腹部位置，而且受伤器官已经移位了，那么不要尝试把它们移回原位。你要做的是用敷料敷在伤口上。

2. 伤员平躺，清理伤口

让伤者躺下。如果可以的话，把伤者的头置于稍微低于其身躯的位置，又或者是稍微抬高伤者的双腿。这样做是为了更好地使血液流向大脑，以降低昏晕的风险。可以的话，抬高一下伤者的出血点。

移走伤口上明显的污垢或者残留物。不要移走任何较大并且深藏于伤口里的物体。不要探查伤口，主要任务是止血。

3. 直接对伤口施加压力，直至成功止血

使用一条消毒过的绷带、干净的布甚至是一件衣服包扎伤口。如果身边没有可以包扎的材料的话，就直接用自己的手来止血。

对伤口施加压力，直到成功止血为止。一直按住伤口，持续至少 20 分钟，而且要记住，不要时不时地放开手看伤口是否已经止血了。要达到对伤口持续施压的目的。

4. 不要移走纱布或者绷带

如果伤口持续出血，血液已经渗到纱布上或者渗到其他用来包扎伤口的材料上，切记，不要把这些包扎伤口的材料拿走。

继续用更多吸收力好的材料包在伤口上。

5. 必要的话，压住重要动脉

如果对伤口直接施加压力都达不到止血的目的，你应该先找出给伤口输血的动脉，然后对这条动脉施加压力，手指一直都是水平地施压的。

用另外一只手，继续用力压住伤口。

手臂的血管出血压迫点是在手臂的内侧，具体来说，就是在肘关节和腋窝之间的地方。大腿的血管出血压迫点是在膝盖的后面，以及在腹股沟位置。

6. 一旦止血成功，要让受伤部位固定不动

不要拆掉绷带，应让它一直绑住伤口。

尽快把伤者送到医院。

7. 特别注意

如果怀疑是内出血的话，应立即寻求紧急援助。一般来说，内出血有以下征兆：

（1）腔内出血（如耳朵出血、鼻出血、直肠出血或者阴道出血）。

（2）吐血或者是咳血。

（3）在脖子、胸膛、腹部，或者在肋骨和臀部之间的侧面有瘀伤现象。

（4）伤口已经渗入头骨、胸腔或者腹部。

（5）腹部压痛，很可能伴有腹肌硬化或者腹肌痉挛。

（6）骨折。

（7）休克，一般来说，伤者会显得虚弱苍白、焦虑、口渴或者四肢冰冷。

问题101. 火场常见外伤如何处理？

火场中的常见外伤主要有小面积擦伤、裂伤、砸伤、刺伤等。这里对小面积或严重程度较低的一些外伤给出处理建议，如果面积较大、出血过多或者受伤部位较为敏感，则建议及早到医院外科门诊治疗。具体如下：

1. 擦伤

（1）擦伤只是表皮受伤，伤势一般比较轻微。

（2）对于很浅、面积较小的伤口，可用碘伏、酒精涂抹伤口周围的皮肤，然后涂上抗菌软膏，或暴露，或用干净的消毒纱布包扎好。

（3）如果擦伤面积大、伤口上沾有污物，则必须用生理盐水冲洗伤口。

（4）如果没有生理盐水，可用清水冲洗干净伤口，然后用碘伏涂抹伤口及周围组织，再涂上抗菌软膏。

（5）如果受伤部位肿胀明显、渗血较多，最好及早到医院外科门诊治疗。

2. 裂伤

（1）裂伤包括割伤，全层皮肤裂开，伤势往往比擦伤要重。

（2）小的裂伤，如果无明显出血，伤口干净，可以外涂碘伏，然后用消毒纱布包扎，或贴上创可贴。

（3）至于有明显出血的大的裂伤，或是脸上的伤口，按上述方法初步处理后尽快就医。

3. 砸伤或挤伤

（1）如果伤者被重物砸伤或挤伤后，只出现轻度的皮肤红肿疼痛，并无皮肤破损，建议可先观察，暂时不需处理。

（2）如果出现皮肤破损，可按擦伤进行处理。

（3）如果出现皮肤瘀紫、破裂甚至疼痛剧烈等重度砸伤或挤伤，则建议尽快就医。

4. 刺伤

（1）对于刺伤，首先判断是否残留刺伤物。

（2）如果被细长的玻璃片、针、钉子、刺刀、木刺等所刺后留下的伤口一般较小且较深。此类刺伤有感染破伤风的风险，应尽早到医院外科处理。

（3）去医院前简单地处理：

——如果伤口没有刺伤物残留，可以首先挤压伤口，让它流出一些血液，再外用双氧水或生理盐水冲洗，然后外涂碘伏。

——如果仍有残留的刺伤物，可以用消毒后或火烧后的镊子取出，再按上述方法处理伤口。

问题 102. 如何进行人工呼吸？

人工呼吸就是用人工的方法帮助伤病者呼吸，常见的有口对口人工呼吸法、口对鼻人工呼吸法、口对口鼻人工呼吸法。救护人员呼出的气体中，氧气占 16% ~ 18%，二氧化碳占 5%，吹入伤病者肺部，仍足以维持生命最低的氧气供应。

1. 口对口人工呼吸法

口对口人工呼吸是为伤病者提供氧气的快速、有效的方法。操作方法如下：

——保持气道畅通，救护人员一手提拉下颌，一手以拇指和食指捏紧伤病者的鼻翼，以防气体从鼻孔逸出；

——正常吸一口气（不必深吸），双唇包严伤病者口唇四周，缓慢将气体吹入；

——吹气时间约持续 1 秒，观察伤病者胸廓是否隆起；

——如果胸廓并未隆起，重复仰头提颌；

——第二次吹气，吹气时间约持续 1 秒，观察伤病者胸廓是否隆起；

——如果尝试两次后仍无法进行有效通气，应迅速恢复胸外按压。

为安全起见，条件许可的情况下，应使用口对口人工呼吸法。

2. 口对鼻人工呼吸法

当伤病者牙关紧闭不能开口、口唇创伤或口对口封闭困难时，采用口对鼻呼吸。操作方法如下：

——保持气道畅通，救护人员用举颌的手将伤病者的双唇紧闭；

——用双唇包严伤病者的鼻孔，缓慢将气体吹入；

——连续吹气两次，吹气时间约持续 1 秒，观察伤病者胸廓是否隆起。

3. 口对口鼻人工呼吸法

若伤病者为婴儿，可进行口对口鼻吹气。操作方法与口对鼻人工呼吸基本相同，不同之处在于救护人员须用双唇包严婴儿口鼻。

第5篇　法律篇

【引导语】今天老王听说小区里有一家着了一把小火，因为租户和房主没有事先约定消防责任，在追究责任和赔偿上起了纠纷。这可提醒了老王，原来学习消防安全，不仅要了解安全常识，掌握自救技能，还得懂得消防法律法规，否则，一旦出了事，麻烦可就大了。

本篇主要从与社区居民消防安全相关的相关法律法规入手，介绍社区居民的消防安全法定权益、应履行义务以及各类违法违规行为的判定和责任追究等，目的是帮助社区居民依法依规做好社区火灾防范，用法律武器保障自身安全。

消防工作的原则由走群众路线到全民参与，一直以来秉承消防安全靠大家的基本工作理念，并将实践工作中积累的经验和从火灾案例吸取的教训以法律法规的形式固化和推行。《消防法》明确规定了公民的消防法定义务。依法依规履行法定义务并督促提醒街坊邻里履行义务是每个居民维护社区安全的共同责任。

问题 103. 居民的消防法定义务和权利有哪些?

公民是消防工作重要的参与者和监督者，根据《消防法》规定，公民在消防工作中应承担如下义务：

——维护消防安全的义务。任何个人都有维护消防安全、保护消防设施、预防火灾、报告火警的义务；任何成年人都有参加有组织的灭火工作的义务。

——保护消防设施的义务。任何个人不得损坏、挪用或者擅自拆除、停用消防设施、器材，不得埋压、圈占、遮挡消火栓或者占用防火间距，不得占用、堵塞、封闭疏散通道、安全出口、消防车道。人员密集场所的门窗不得设置影响逃生和灭火救援的障碍物。

——报警义务。任何人发现火灾都应当立即报警，任何单位、个人都应当无偿为报警提供便利，不得阻拦报警。严禁谎报火警。

——接受并配合火灾调查中的义务。火灾扑灭后，发生火灾的单位和相关人员应当按照消防救援机构的要求保护现场，接受事故调查，如实提供与火灾有关的情况。

此外,《消防法》还规定了公民的消防安全权利。

——监督国家消防工作的权利。任何单位和个人都有权对消防救援机构及其工作人员在执法中的违法行为进行检举、控告。

——公民有对消防违法行为和火灾隐患的举报权利。

小知识

《消防法》的制定过程

《消防法》是全国人民代表大会常务委员会批准的国家法律文件，共计七章七十四条。该法由1998年4月29日第九届全国人民代表大会常务委员会第二次会议通过颁布，由2008年10月28日第十一届全国人民代表大会常务委员会第五次会议修订，由2019年4月23日第十三届全国人民代表大会常务委员会第十次会议审议通过修正案。《消防法》是我国消防工作的基本法，内容包括火灾预防、消防组织、灭火救援、监督检查和法律责任。

问题104. 如何才能成为社区的消防志愿者?

消防志愿者是国家消防工作的重要补充力量，在防火、灭火、消防科普工作中发挥着重要作用。

1. 如何成为所在社区的消防志愿者

根据《中国消防志愿者行动实施意见》，任何符合条件、自愿成为中国消防志愿者的社会成员，可在各消防志愿服务大队按照《中国注册志愿者管理办法》相关规定进行专项注册。中国志愿者网（www.zgzyz.org.cn）和中国消防在线网（www.119.cn）将适时开通消防志愿者网上培训、知识测试、注册和人员信息管理系统。各消防志愿服务大队在消防志愿者申请注册之日起一个月内，委托当地消防救援部门，按照统一的《中国消防志愿者培训大纲》对消防志愿者进行消防业务知识培训，经考核合格后，办理注册手续，颁发中国消防志愿者证。

2. 成为消防志愿者需要具备哪些素质

——年满 14 周岁以上（14 岁至 18 岁只参加适合此年龄段的活动，并须有其监护人同意）；

——热爱消防事业、具有奉献精神，具备与所参加的志愿服务项目及活动相适应的基本素质，遵纪守法的社会成员，无论职业、学历、民族、国籍、信仰，进行专项注册，都可以成为中国消防志愿者，就近就便、力所能及地开展消防志愿服务。

问题 105. 居民楼底商经营餐厅类服务项目有限制吗?

《消防法》没有相关规定，但其他法律法规有严格的条件限制。简要来说，即“不可以影响相邻业主正常居住生活”。目前，很多地区已经针对居民楼底商私自开设小饭馆、饭店及其他娱乐服务经营场所出台了地方部门规章。如，太原市工商局在 2018 年 1 月制定出台了首批市场主体住所（经营场所）禁设区域清单，其中，新建、改建、扩建产生油烟、恶臭、噪声、震动及废水等污染的服务业项目，禁设区域明确规定为居民住宅楼、商住两用楼及其裙楼。同年10月，长沙市工商局也发布了《关于在居民住宅楼、商住综合楼禁止核准餐饮服务相关事项的通知》，通知要求商事主体设立时，住所为居民住宅楼、未配套设立专用烟道的商住综合楼的，禁止核准产生油烟、异味、废气的餐饮服务的经营范围。

1. 油烟排放要达标

《中华人民共和国大气污染防治法》明确规定，排放油烟的餐饮服务业经营者应当安装油烟净化设施并保持正常使用，或者采取其他油烟净化措施，使油烟达标排放，并防止对附近居民的正常生活环境造成污染。

2. 建筑设计符合餐饮行业规范

餐厅类服务项目所使用建筑由于建造设计用途特殊，具体建筑装修材料、格局、配套设施以及相应竣工验收标准与其他民用或商用类建筑有所区别，如安全出口的设置、排烟系统的设置等。如2010年环境保护部发布的《饮食业环境保护技术规范》中规定，经油烟净化后的油烟排放口，与周边敏感目标距离不应小于20米。新建产生油烟的饮食业单位边界与环境敏感目标边界水平间距不宜小于9米。而《中华人民共和国大气污染防治法》也明确规定，禁止在居民住宅楼、未配套设立专用烟道的商住综合楼以及商住综合楼内与居住层相邻的商业楼层内新建、改建、扩建产生油烟、异味、废气的餐饮服务项目。

问题106. 居民楼底商住人违法吗?

我国虽然没有相关法律明确规定底商或商铺内不能住人，但《消防法》明确规定了居住场所与经营场所应进行有效防火分隔，禁止违规的“三合一”。因为，这类店铺由于居住、经营合一，内部布局拥挤不堪，店面一旦失火，人员难以逃生，且火灾风险极大。

《消防法》第十九条规定，生产、储存、经营易燃易爆危险品的场所不得与居住场所设置在同一建筑物内，并应当与居住场所保持安全距离。实际生活中，经常会发现店铺内住人的情况，此类场所一般称为小型合用场所。公安部制定发布的行业标准《住宿与生产储存经营合用场所消防安全技术要求》中对该类场所做了如下技术安全要求：住宿部分与非住宿部分完全分隔，住宿部分与非住宿部分应分别设置独立的疏散设施。如无法同时满足这一要求，则应在住宿部分与非住宿部分设置火灾自动报警系统或独立式感烟火灾探测器，并在住宿部分与非住宿部分之间进行防火分隔；当无法分隔时，合用场所应设置自动喷水灭火系统或自动喷水局部应用系统；住宿部分与非住宿部分应设置独立的疏散设施；当确有困难时，应设置独立的辅助疏散设施。

对于无法达到上述消防安全技术标准的，可依《消防法》第六十一条进行处罚。《消防法》规定，生产、储存、经营易燃易爆危险品的场所与居住场所设置在同一建筑物内，或者未与居住场所保持安全距离的，责令停产停业，并处 5 000 元以上 50 000 元以下罚款。生产、储存、经营其他物品的场所与居住场所设置在同一建筑物内，不符合消防技术标准的，依照前款规定处罚。

问题 107. 居民住宅楼可以进行施工动火作业吗？

居民住宅楼可以进行施工动火作业，但需要经过物业管理单位的严格审批。《消防法》第二十一条第一款规定，禁止在具有火灾、爆炸危险的场所吸烟、使用明火。因施工等特殊情况需要使用明火作业的，应当按照规定事先办理审批手续，采取相应的消防安全措施；作业人员应当遵守消防安全规定。同时，《消防法》第六十三条也规定，违规动火应处警告或者500元以下罚款，情节严重的，处5日以下拘留。

居民住宅如果进行需要使用明火的施工操作，例如沥青防火卷材的铺贴、外墙维护维修的电焊作业等，需要向小区的物业或社区的消防管理部门办理动火作业动火许可证，办理前要落实好如下防火灭火准备：

——施工现场动火作业前，应由动火作业人提出动火作业申请。

——动火许可证的签发人收到动火申请后，应前往现场查验，在确认动火作业的防火措施落实后方可签发动火许可证。

——动火操作人员应按照相关规定，具有相应资格，并持证上岗作业。

——焊接、切割、烘烤或加热等动火作业前，应对作业现场的可燃物进行清理；作业现场及其附近无法移走的可燃物，应采用不燃材料对其覆盖或隔离。

——施工作业安排时，宜将动火作业安排在使用可燃建筑材料的施工作业前进行。确需在使用可燃建筑材料的施工作业之后进行动火作业，应采取可靠的防火措施。

——严禁在裸露的可燃材料上直接进行动火作业。

——焊接、切割、烘烤或加热等动火作业，应配备灭火器材，并设动火监护人进行现场监护，每个动火作业点均应设置一个监护人。

——五级（含五级）以上风力时，应停止焊接、切割等室外动火作业。

——动火作业后，应对现场进行检查，确认无火灾危险后，动火操作人员方可离开。

小知识

什么是动火作业

动火作业指在禁火区进行焊接与切割作业及在易燃易爆场所使用喷灯、电钻、砂轮等进行可能产生火焰、火花和赤热表面的临时性作业，一般包括以下几种：

——各种焊接、切割作业；

——使用喷灯、火炉、液化气炉、电炉等明火作业，熬沥青、炒沙子等施工作业；

——在易燃易爆区域内打磨、锤击等产生或可能产生火花的作业；

——在易燃易爆区域内临时用电或使用非防爆电动工具、电气设备及器材。

问题 108. 住宅楼的地下室可以出租住人吗?

不可以。一般来说，建筑用途必须符合规划设计，而民用住宅项目的地下室一般在设计时不作为居住使用。主要考虑三点因素：

1. 烟气不易排出

地下室是通过挖掘方式建成的相对密闭空间，同地面建筑不同，没有门窗与外部空气连通，一般只能通过地面连接的出入口排烟散热，通风条件不如地面建筑。一旦发生火灾，产生的大量有毒烟气和热量一时难以有效排出，从而迅速充斥整个地下空间，严重影响空气质量和能见度。

2. 安全疏散困难

内部人员只能通过安全出口疏散，由于地下空间格局复杂、能见度差，疏散时间会有所延长，使逃生人员的身体和心理负担加重，增加逃生难度。

3. 救援难度大

从救援角度来看，地下室发生火灾时，由于空间结构的特殊性，再加上浓烟造成能见度急剧下降，使得消防救援人员很难快速准确地确定起火点和判定火灾规模，诸多不利因素都可能对救援行动造成延误。

小知识

为什么住宅不应布置在地下

根据我国《住宅建筑设计规范》要求，住宅不应布置在地下室内，当布置在半地下室时，必须对采光、通风、日照、防潮、排水及安全防护采取措施。也就是说，只有满足上述各种安全、消防等条件时，半地下室才可考虑用于居住。此外，我国《民用建筑设计通则》也规定，地下室、半地下室作为主要用房使用时，应符合安全、卫生的要求，但严禁将幼儿、老年人生活用房设在地下室或半地下室，且居住建筑中的居室不应布置在地下室内；当布置在半地下室时，必须对采光、通风、日照、防潮、排水及安全防护采取措施。主要原因是地下室因其位置、结构的特殊性，发生火灾后由于浓烟、高温、出口距离远、视线条件差等复杂情况，给人员安全逃生和灭火救援带来很大困难。

问题 109. 社区消防设施由谁来维护和保养?

按照国家有关法律法规和国家工程建设消防技术标准设置的建筑消防设施，是预防火灾，及时扑救初起火灾的有效措施。对建筑消防设施实施维护管理，确保其完好有效，是建筑物产权、管理和使用单位的法定职责。社区消防设施维护和保养工作是居住区物业管理单位的法定职责，辖区消防、公安部门予以监督检查，督促落实。

1. 住宅区物业服务企业有责任维护公共消防设施

《消防法》第十八条规定，同一建筑物由两个以上单位管理或者使用的，应当明确各方的消防安全责任，并确定责任人对共用的疏散通道、安全出口、建筑消防设施和消防车道进行统一管理。住宅区的物业服务企业应当对管理区域内的共用消防设施进行维护管理，提供消防安全防范服务。《消防法》第十六条规定，建筑消防设施每年至少进行一次检测；重大节日前，也要对消防设施进行一次检查和保养。《机关、团体、企业、事业单位消防安全管理规定》第十条规定，居民住宅区的物业管理单位应当在管理范围内履行下列消防安全职责：制定消防安全制度，落实消防安全责任，开展消防安全宣传教育；开展防火检查，消除火灾隐患；保障疏散通道、安全出口、消防车道畅通；保障公共消防设施、器材以及消防安全标志完好有效。其他物业管理单位应当对受委托管理范围内的公共消防安全管理工作负责。

2. 居民有责任保护消防设施

《消防法》第二十八条规定，任何单位、个人不得损坏、挪用或者擅自拆除、停用消防设施、器材，不得埋压、圈占、遮挡消火栓或者占用防火间距，不得占用、堵塞、封闭疏散通道、安全出口、消防车道。

3. 消防专业技术服务机构可接受委托提供检查和维保服务

消防设施维护和保养工作具有较强的专业性和技术性，需由专人完成。物业单位具备建筑消防设施的检查和维保的专业技术人员和检测仪器设备，可以按照标准自行实施，也可以委托具备消防检测中介服务资格的单位实施。建筑消防设施巡查和维保可由物业公司归口管理消防设施的部门实施，也可以按照工作、生产、经营的实际情况，将巡查的职责落实到相关工作岗位。从事建筑消防设施检查和维保的技术人员，应当经消防专业技能考核合格，持证上岗。

问题 110. 哪些人群是消防安全宣传教育的重点对象？

随着我国人口老龄化的加快，火灾亡人的老龄人口所占比重已从2009年的29%提升至2019年的36.2%，远高于老龄人口占总人口的比重16.2%。而住宅火灾中该比例更达到42.9%，瘫痪、残疾、精神病人等群体的比重达到44.3%。以上几个数据提醒大家，消防安全宣传教育的重点人群为老人、残疾人以及未成年儿童、青少年，要引起重点关注，切实加强源头治理、综合治理，提升居民住宅火灾防控水平。

问题 111. 社区居民可以通过哪些途径学习消防设施知识？

1. 参加社区组织的消防安全科普知识讲座

近年来，全国各地社区都结合自身情况针对社区居民开展各类消防安全科普知识讲座，向公众普及消防科学知识，进行防火知识教育，以提高公众的消防安全素质，是减少火灾死亡损失最重要的措施之一，也是效率最高的方法之一。广大社区居民就近参加本社区举办的各类讲座活动，能够最直观、最直接地学习到相关知识，并可以通过现场互动的形式，与授课专家沟通交流，对在家庭生活中存在的一些安全困惑求教解答。这种形式的好处是互动性强、感受性强。

2. 通过电视、网络媒体平台学习消防知识

中国消防科普网是中国消防协会科普教育工作委员会的官方网站，职责是发动、组织社会各界开展消防安全教育，传播、普及消防科学知识，提高全民消防安全素质。该网站涵盖相关行业新闻、知识讲座，内容丰富，形式多样，既有专业性较强的学术性探讨，也有面向社会普通民众的科普性教育，能够满足不同年龄层次、不同需求的读者需要。火灾科学与消防安全是河北省科技厅科普资源共享平台的科普栏目，设有资讯速递、视说火灾、图解消防、线下互动和安全文化板块，将火灾科学理论融合防火防灾常识与消防新技术进行普及传播。各地应急管理部门、消防救援部门以及相关消防科技公司均开发了消防相关的微信公众号、微博账号，广大居民可通过订阅所属地区的官方消防微信公众号了解所在地区的最新消防新闻和相关科普知识。

3. 参观当地消防科普教育基地或消防站

目前，全国大部分建立了消防博物馆、教育馆、体验馆等科普基地，部分消防站点定期对外开放接待青少年参观。通过展览、观摩、体验等方式，群众可以了解火灾初期的预防和控制，掌握火警处置的正确方法和科学自救逃生的技能。

4. 阅读相关科普图书

通过借阅和购买消防科普图书，系统全面地了解和学习消防安全知识。

问题 112. 家长要教育儿童哪些防火知识?

小孩子天真烂漫，有着强烈的求知欲和好奇心，对熠熠生辉的火光总感到好奇。他们有着惊人的模仿能力，总喜欢在大人面前展示自己，大人们的一举一动，他们都能在短时间内模仿得惟妙惟肖。然而，由于年龄的限制和生活经验的缺乏，他们不了解防火知识，不懂得安全用火，常常因为好奇和贪玩，致使小火成大灾，酿成无可挽回的悲剧。悲剧的发生确实让人心痛，其实如果懂得防患于未然，做好孩子的防火教育工作，大部分的悲剧是可以避免的。

1. 教育内容

首先必须明确儿童防火教育的内容，可以根据日常生活中常遇到的问题和孩子常犯的错，有选择地教会他们一些实用的知识。

（1）基本常识。

——常见的火源：明火、加热的高温物体、火星、电火花、强光等。

——生活中引起火灾的因素：用火不慎，用电不慎，用油、用气不慎，吸烟不慎，玩火，燃放烟花爆竹等。

——家庭易燃物品：木制家具、被褥窗帘、衣物、书籍、煤气罐等。

（2）家庭防火知识。

——将家里可能成为火源的物品放在儿童拿不到的地方，并告诉他们不要在房间里玩火。

——告诉儿童不要玩家用电气设备，否则会让自己受到伤害。

——告诉儿童不要使用灶具或随意玩弄开关。

——燃放爆竹要小心，不能在秸秆堆垛、沼气池、塑料大棚等地方燃放爆竹。

（3）山林防火知识。

——在有山林的地方不要携带火种，更不要独自在山林中野炊生火。

——家长带孩子外出郊游时不要带火种进山，更不准在山林地区吸烟。

——学校组织学生到山林地区旅游时，严禁组织野炊、篝火等活动。

——严禁动员组织中小学生参加山林火灾的扑救工作，以防止发生不必要的人身伤亡事故。

（4）报警常识。

教会孩子怎样拨打“119”火警电话，怎样报火警。一旦发生火灾，要迅速打“119”向消防队报警。

2. 以身作则

家长是孩子第一任启蒙老师，也是最重要的一任，在孩子眼里，父母是自己心中的偶像，是崇拜的英雄，家长的一言一行都会在潜移默化中影响着孩子。因此，平时家长就要注意养成良好的生活习惯，做孩子学习的表率，总而言之，言传身教很重要！

——不要把报纸、杂志之类的可燃物放在炉子、加热器、暖气机等近旁位置；

——不要把正在烧、烤、煮、蒸的东西置之不理；

——吸烟的家长不要卧床吸烟，刚吸完的烟蒂不要扔在垃圾桶里；

——不要在一个插座上使用多个电气设备；

——在使用完液化气或煤气灶后，要及时关掉阀门；

——在公共场所不要损坏消防设施和器材等。

小贴士

假期到来真高兴，消防安全牢记心；
小朋友远离玩火，不让父母吃苦果；
家用电器会伤人，手湿不要动开关；
冒烟起火心不慌，拨打火警“119”；
听指挥来不乱跑，镇定冷静快疏散；
逃生要领要记清，家长老师都放心。

专题二：消防安全违法行为及其责任

社区居民不履行消防安全义务就会导致消防安全违法，依据消防法规要被追究责任，包括警告或罚款，如果因违法行为导致火灾，造成严重后果还要被追究刑事责任。因此，作为广大居民要心中有数，不可误碰法律底线。

问题 113. 社区常见的消防安全违法行为有哪些？

由于居民不了解或漠视消防设施的作用，导致社区内普遍存在一些消防安全违法行为。

——堵塞、封闭疏散通道和安全出口；

——在消防设施附近乱堆杂物，随意移动消防器材的指定位置；

——封闭楼梯间、防烟楼梯间的门常开；

——地下室或车库内存放可燃废品，或用于出租供人居住。

——在不符合规定的情况下私自动用明火；

——随意占用消防车道。

问题 114. 住宅小区角落积聚的杨柳絮可以焚烧吗？

不可以。杨柳絮大多在 4 月下旬左右集中出现，此时天气干燥、相对湿度低，气温较高。杨柳絮含有大量油脂，遇到明火会引起轰燃，且由于其本身较轻容易随风飘散，产生飞火，蔓延速度极快。根据相关实验数据显示，杨柳絮蓬松易燃，一个烟头就能点燃。试验表明，将一个未燃尽的烟头放于杨柳絮中，烟头周围的杨柳絮迅速变黑碳化，并有火星产生；杨柳絮遇到明火，可以在 2 秒内迅速燃烧，会迅速蔓延将其他可燃物引燃；如果遇到大风天气，火借风势会将杨柳絮周边杂物引燃，酿成火灾。因此，杨柳絮大规模飘落的季节，居民社区要组织人员及时对街道、小区内的杨柳絮进行清扫，必要时可加大路面洒水的力度，并及时清除飘落在地面上的杨柳絮，以免留下火灾隐患。

据火灾调查统计，杨柳絮起火原因主要有两个：一是儿童玩火；二是乱扔烟头点燃。儿童灭火能力有限，成人扔掉烟头后往往也一走了之，发现着火为时已晚，造成火灾。

依据《消防法》第六十四条规定，过失引起火灾，尚不构成犯罪的，处 10 日以上 15 日以下拘留，可以并处 500 元以下罚款；情节较轻的，处警告或者500元以下罚款。

依据《中华人民共和国刑法》（以下简称《刑法》）第一百一十五条规定，失火造成严重损失，构成失火罪的，处3年以上7年以下有期徒刑；情节较轻的，处3年以下有期徒刑或者拘役。过失引起火灾，涉嫌下列情形之一的，应予以立案追诉：

——导致死亡1人以上，或者重伤3人以上；

——造成公共财产或者他人财产直接经济损失50万元以上；

——造成10户以上家庭的房屋以及其他基本生活资料烧毁；

——造成森林火灾，过火有林地面积2公顷以上，或者过火疏林地、灌木林地、未成林地、苗圃地面积4公顷以上；

——其他造成严重后果的情形。

问题115. 楼道里放置的鞋柜属于火灾隐患吗？

属于。

1. 火灾隐患的判定

小区的楼道不仅是居民行走的通道，也是消防安全通道，是紧急情况下居民用来疏散逃生的通道，但是有不少小区的居民楼道内都堆放着杂物，如鞋柜、储物柜、废纸壳、自行车、包装纸、垃圾、泡沫箱等，这类物品属于住宅里常见的火灾隐患之一，主要原因有以下两点。

（1）增加火灾危险性，易导致火灾扩大蔓延。楼道堆放的杂物多为木制品、棉织品、纸制品等，都是可燃物，稍遇明火就可能引起火灾。楼道是居民行走的通道，抽烟随便乱扔烟头者有之，儿童玩火、燃放爆竹者有之，这些都很容易引起火灾事故的发生。

（2）堵塞通道，妨碍逃生。小区楼道属于公共消防通道，当发生地震、火灾等自然灾害的时候，这类物品本身会严重影响他人逃生，同时也影响消防救援人员进入。更有甚者，这些杂物如被引燃，会迅速释放出大量有毒烟气，进一步影响疏散和救援行动的展开。此外，楼道里堆满了杂物，占据、遮挡了地面以及墙壁的很大一部分空间，导致保洁人员无法对这里的环境卫生进行清洁，久而久之，堆放杂物的地方也就成了卫生清理上的“死角”，滋生细菌、虫蚁，不利于居民健康。

2. 违法责任的追究

——对单位，堵塞疏散通道，一般是责令改正，并处 5 000 元以上 50 000 元以下罚款；

——对个人，堵塞疏散通道，影响消防安全，一般是警告，或处 500 元以下罚款。

——经责令改正拒不改正的，可以采取强制拆除、清除、拖离等代履行措施强制执行，所需费用由违法行为人承担。

小知识

火灾隐患的判定

火灾隐患是指在生产、经营、生活中，违反消防法律法规，可能导致火灾发生、致使火灾危害增大、阻碍灭火救援行动的各类潜在不安全因素，包括人的不安全行为、管理上的缺陷和物的不安全状态等。

一个单位、一个场所、一个建（构）筑物是否存在火灾隐患，一般可以从以下三个方面进行判定：

——增加火灾发生的危险性。如违反规定生产、储存、销售、运输、使用易燃易爆危险品，用火、用电、用气作业不符合消防安全要求等，在本身具有引发火灾可能性的情况下，违反相关消防安全管理规定势必会增加发生火灾的危险性。

——增大火灾的危害性。如建筑物耐火等级降低，防火间距不够，防火、防烟分区过大，安全出口和疏散通道阻塞，超高层建筑的避难层设置不合理，建筑消防设施未能保证完好有效等，一旦发生火灾，人员疏散困难，火势迅速蔓延、扩大，导致更加严重的人员伤亡和财产损失。

——阻碍灭火救援行动。如消防水源不足，消防车道阻塞，消火栓、水泵接合器损坏，消防电梯故障等，一旦发生火灾，将严重影响火场被困人员的营救和火灾扑救行动，给灭火救援行动造成困难。

问题116. 占用住宅小区的消防车道可能产生什么后果?

1. 消防车道被占用的违法行为

——由于小区停车场不够或者收费昂贵，部分业主都将车停在小区消防车道，成为消防车道阻塞的最主要因素。

——不少建筑底商会占用居民停车位，甚至占用消防车道堆放杂物、停放车辆。

——有些商家从店铺里延伸到外面，做了一些违章搭建，扩大店面。

——更有甚者，某些物业公司为了自身利益在小区消防车道上自建商铺，完全占用消防车道。

2. 占用消防车道的危害

消防车道是火灾发生时供消防车通行的道路，是实施灭火救援的“生命通道”，国家法律和消防技术标准对消防车道的设置和管理有明确要求。占用消防车道会带来两大危害：

——影响人员逃生或进行有秩序的疏散，严重时可能会引发踩踏事件。

——严重影响消防车通行，占用消防车车位的话，还会影响消防车利用周边固定消防设施取水，无法第一时间进行火灾扑救，造成更大的损失。

消防车道是生命通道，切勿堵塞、锁闭。车位虽难找，但请千万不要侵占消防车道。保持消防车道畅通，以免延误抢救良机，是为所有业主的生命负责任！

3. 物业服务企业对管理区域内消防车道的管理职责

——划设消防车道标志标线，设置警示牌，并定期维护，确保其鲜明醒目。

——采取安装摄像头、指派专人巡查等措施，保证管理区域内车辆只能在停车场、车库或划线停车位内停放，不得占用消防车道，并对违法占用行为进行公示。

——在管理区域内道路规划，应当预留消防车道宽度。消防车道的净宽度和净空高度均不应小于 4 米，转弯半径应满足消防车转弯的要求。

——消防车道上不得设置停车泊位、构筑物、固定隔离桩等障碍物，消防车道与建筑物之间不得设置妨碍消防车举高操作的树木、架空管线、广告牌、装饰物等障碍物。

——采用封闭式管理的消防车道出入口应当落实在紧急情况下立即打开的保障措施，不影响消防车通行。

——定期向管理对象和居民开展宣传教育，提醒占用消防车道的危害性和违法性，提高单位和群众的法律和消防安全意识。

——发现占用、堵塞、封闭消防车道的行为，应当及时进行制止和劝阻；当事人拒不听从的，应当采取拍照、摄像等方式固定证据，并立即向消防救援机构和公安机关报告。

4. 占用消防车道的法律责任

占用、堵塞、封闭消防车道，妨碍消防车通行的，依照《消防法》第六十条第一款、第二款的规定，应对单位责令改正，处 5 000 元以上 50 000 元以下罚款；对个人，处警告或者 500 元以下罚款处罚；经责令改正拒不改正的，可以采取强制拆除、清除、拖离等代履行措施强制执行，所需费用由违法行为人承担。消防救援机构在执行灭火救援任务时，有权强制清理占用消防车道的障碍物。对阻碍执行任务的消防车通行的，由公安机关依照《中华人民共和国治安管理处罚法》第五十条的规定给予罚款或者行政拘留处罚。消防救援机构对占用、堵塞、封闭消防车道拒不改正的，或者给予罚款、拘留等行政处罚的，或者将多次违法停车造成严重影响的单位和个人纳入消防安全严重失信行为，记入企业信用档案和个人诚信记录，推送至全国信用信息共享平台，实施联合惩戒。

问题 117. 焚烧自家财物导致火灾是失火还是放火？

2013 年 10 月 28 日北京市海淀区某群租房内发生的火灾悲剧造成

2 人死亡。该悲剧的起因是：一对“90 后”情侣因琐事发生争执，曹某对李某动粗，事后曹某对李某置之不理，李某因气愤用打火机点燃床单一角，想吓唬曹某。曹某起身将火苗打灭，随后李某再点，曹某这次没有制止反而向火苗处投掷化纤浴巾和衣物，致使火势扩大。二人见状立即开始救火，分头到卫生间接水灭火，但因群租房内水源被限、无灭火设备，致使火势继续扩大，大家只得撤出。因群租房未配备消防设备，且房客之间互不相识、无法有效进行施救，最终导致 2 人窒息身亡。后一审法院以放火罪判处李某死刑缓期两年执行，以失火罪判处曹某六年有期徒刑。

此案中涉及放火罪和失火罪的刑事责任追究。

1. 放火罪与失火罪的认定与区别

放火罪是指故意放火焚烧公私财物，危害公共安全的行为。失火罪是由于行为人的过失而引起火灾，造成严重后果，危害公共安全的行为。

——放火罪与失火罪具有共同的危害特征，即行为危害公共安全，区别在于放火罪无论危害大小，只要点火成功；失火罪须因火灾造成严重损失，达到追究刑责的条件。

——放火罪和失火罪的行为人都是火灾的肇事者，区别在于放火罪行为人主观上希望着火烧毁财物，失火罪行为人主观上不希望造成火灾，然而，因无知、疏忽或过于自信使得事与愿违，起火造成严重损失。

本案中，李某和曹某的行为导致火灾发生，而其中的李某故意点燃床单放火，曹某未能及时处置，赌气放纵火势，使得火势失去控制，最终严重危害其他人的人身和财产安全。从事情发展情节来看，李某构成放火罪，曹某构成失火罪。

2. 意外火灾都会构成失火罪吗

意外火灾是指由于不可预见或者不能抗拒的原因引起火灾、危害公共安全的情况，如山火、雷电、地震以及因为物品本身火灾危险性引发不能预见和抗拒的火灾。这种火灾的发生，虽然在客观上造成了危害公共安全的严重结果，但案件的相关人员主观上既无故意，行为上又无过失，不构成犯罪。

3. 焚烧自己的物品是放火吗

从法律上讲，任何人对属于自己的财产都有处分权，包括将其毁坏，使其失去使用价值或者价值。但是这种权利的性质是以不损害国家、集体和他人的利益为前提的。换句话说，采用焚烧的方式处理物品是可以的，但要考虑安全，不损害公共和他人的利益。反之，因焚烧个人物品，但失控造成火灾，如果主观上没有放火动机也主动采取施救措施，则不构成放火罪；但是如果焚烧带有恶意，比如放火报复或是对失控的火灾消极处置，放任火灾蔓延，就将构成放火罪。

4. 放火罪或失火罪的刑罚

我国《刑法》对放火、失火、过失致人死亡均作出了明确规定。《刑法》第一百一十四条规定，放火，危害公共安全，尚未造成严重后果的，处三年以上十年以下有期徒刑。第一百一十五条规定，放火致人重伤、死亡或者使公私财产遭受重大损失的，处十年以上有期徒刑、无期徒刑或者死刑；过失犯前款罪的，处三年以上七年以下有期徒刑；情节较轻的，处三年以下有期徒刑或者拘役。第二百三十三条，过失致人死亡的，处三年以上七年以下有期徒刑；情节较轻的，处三年以下有期徒刑。法律另有规定的，依照规定执行。因此，在群租房内纵火的承租人，应根据其行为时的主、客观要件，承担放火、失火或过失致人死亡的法律责任。

小知识

放火罪和失火罪的构成要件

1. 放火罪的构成要件

（1）客体要件。放火罪属于危害公共安全罪的一种，其犯罪客体是公共安全，即不特定多数人的生命、健康和财产权。并非所有的用放火方法实施的犯罪行为都构成放火罪，关键是要看放火行为是否足以危害公共安全。如果行为人实施放火行为，而将火势有效地控制在较小的范围内，没有危害也不足以危害不特定多数人的生命、健康和重大公私财产的安全，就不构成放火罪，而应根据案件具体情节，定故意毁坏公私财物罪或故意杀人罪、故意伤害罪等。如果行为人放火烧毁自己或家庭所有的房屋或其他财物，足以引起火灾，危害公共安全的，也应以放火罪论处。

（2）客观要件。放火罪的客观要件是实施放火焚烧公私财物，危害公共安全的行为。“放火”是指行为人使用各种导火材料，点燃目的物，或者利用既存的火种即可以引起火灾的危险因素，引起公私财物的燃烧，制造火灾的行为。放火既可以采用作为的方式实行，如用引燃物将目的物点燃，也可以采用不作为的方式实行，但不作为方式构成的放火罪，必须以负有防止火灾发生特定义务的人员为前提，也就是行为人对形成火灾原因的火情具有防止火灾发生的特定义务，且根据其主、客观条件有能力履行这一义务而没有履行，以致造成火灾的。如负有防火义务的油库安全员，发现油库有着火的危险，能够采取防火措施而未采取，导致了油库火灾发生，就构成不作为的放火罪。

（3）主体要件。本罪主体为一般主体，并且已满14周岁不满16周岁的人犯本罪的，应当负刑事责任。

（4）主观要件。本罪在主观方面表现为故意，包括直接故意和间接故意，即明知自己的放火行为会引起火灾，危害公共安全，并且希望或者放任这种结果发生。

2. 失火罪的构成要件

（1）客体要件。从实践来看，本罪对公共安全的危害通常表现为危害重大公私财产的安全和既危害不特定多数人的生命、健康，又危害重大公私财产安全两种情况。由于火的燃烧须依附于财物，没有财物的燃烧，火势就难以危及不特定多数人的人身，因此单纯危害不特定多数人的生命、健康的情况是罕见的。

（2）客观要件。本罪的客观要件为行为人实施引起火灾、造成严重后果的危害公共安全行为。首先，行为人必须有引起火灾的行为。失火一般发生在日常生活中，如吸烟引起火灾，取暖做饭用火不慎引起火灾，做饭不照看炉火，安装炉灶、烟囱不合防火规则，在森林中乱烧荒，或者做饭、取暖不注意防火，以致酿成火灾，造成重大损失，就构成失火罪。如果在工作中严重不负责任或擅离职守，或者在生产中违章作业或强令他人违章作业而引起火灾，则分别构成玩忽职守罪或者重大责任事故罪。如果火灾不是由于行为人的失火行为引起的，而是由于自然原因引起的，不构成失火罪。其次，行为人的行为必须造成严重后果，即致人重伤、死亡或者使公私财产遭受重大损失。仅有失火行为，未引起危害后果，或者危害后果不严重，不构成失火罪，而属一般失火行为。最后，上述严重后果必须是失火行为所引起，即同失火行为有着直接的因果关系。这一特征是行为人负刑事责任的客观根据。

（3）主体要件。本罪主体为一般主体，凡达到法定刑事责任年龄、具有刑事责任能力的人均可成为本罪主体。国家工作人员或者具有从事某种业务身份的人员，在执行职务中或从事业务过程中过失引起火灾，不构成失火罪。

（4）主观要件。本罪在主观方面表现为过失。可出于疏忽大意的过失，即行为人应当预见自己的行为可能引起火灾，因为疏忽大意而未预见，致使火灾发生；也可出于过于自信的过失，即行为人已经预见自己的行为可能引起火灾，由于轻信火灾能够避免，结果发生了火灾。这里疏忽大意、轻信能够避免，是指行为人对火灾危害结果的心理态度，而不是对导致火灾的行为的心理态度。在实践中，有的案件行为人对导致火灾的行为是明知故犯的，如明知在特定区域内禁止吸烟却禁而不止等，但对火灾危害结果既不希望，也不放任其发生，这种案件应定为失火罪。行为人对于火灾的发生，主观上具有犯罪的过失，是其负刑事责任的主观根据。如果查明火灾是由于人不可抗拒或不能预见的原因所引起，如雷击、地震等引起的火灾，则属于意外事故，不涉及犯罪问题。

问题 118. 儿童玩火造成火灾会被追责吗?

儿童玩火造成火灾也会被追责，但不承担刑事责任，一般由其父母（或其他法律规定的监护人）承担其行为所造成的损失赔偿责任。根据我国法律规定，儿童属于不具备民事行为能力的未成年人，由儿童的行为而引发的各类侵权损害赔偿责任的承担方式是不同的。无民事行为能力人、限制民事行为能力人造成他人损害的，由监护人承担民事责任。监护人已经尽了监护责任的，可以适当减轻其的民事责任。

小知识

《刑法》中，14 周岁以下不承担刑事责任，14～18 周岁需承担抢劫、强奸、盗窃等十项严重暴力犯罪的刑事责任，18 周岁以上完全承担刑事责任。而依据《中华人民共和国侵权责任法》相关规定，无民事行为能力人、限制民事行为能力人造成他人损害的，由监护人承担民事责任。监护人尽了监护责任的，可以适当减轻其民事责任。因此，由于儿童玩火而引发的火灾，同样需要被追责。

问题119. 出租屋起火，房主要担责吗？

2019年6月的一天晚上9时，江苏省苏州市某小区三楼一户居民群租房发生火灾，火势向上蔓延燃烧，住在四楼的一男子在躲避明火的过程中不慎坠落，经抢救无效死亡。经调查发现，火灾的起火点位于三楼的承租房间，原因是停电，住在三楼一小间的承租人着急出门，以为把蜡烛吹灭了，但其实没有，结果发生火灾，且三楼与四楼的交界处楼道里堆放了大量杂物，火势蔓延到四楼，四楼住户明知着火了，但以为没什么大事，未及时逃离。之后，死者家属将房主、二房东和承租人一起诉至法院索赔。近日，经江苏省苏州市虎丘区人民法院调解，承租人赔偿15万元、房主赔偿4.5万元、二房东赔偿6万元。

有人不禁要问，租户失火，房东也要跟着倒霉吗？事实上此类案例需要具体问题具体分析。

《消防法》第十八条对于多人使用房屋和多产权建筑有明确规定，同一建筑物由两个以上单位管理或者使用的，应当明确各方的消防安全责任，并确定责任人对共用的疏散通道、安全出口、建筑消防设施和消防车道进行统一管理。《机关、团体、企业、事业单位消防安全管理规定》第八条明确规定，实行承包、租赁或者委托经营、管理时，产权单位应当提供符合消防安全要求的建筑物，当事人在订立的合同中依照有关规定明确各方的消防安全责任；消防车道、涉及公共消防安全的疏散设施和其他建筑消防设施应当由产权单位或者委托管理的单位统一管理。承包、承租或者受委托经营、管理的单位应当遵守规定，在其使用、管理范围内履行消防安全职责。

如果房东提供的房屋是合法且符合安全要求的房屋，并在租赁合同中约定租户的消防安全责任，一定程度上是可以免于刑事追责的。如果房东提供的房屋本身存在火灾隐患，无论是何原因引起的火灾，结果是导致火势蔓延或人员逃生障碍，是要对火灾后果负责的。本案中房屋所有权人将房子出租，明知承租人分割后再转租，成为群租房。本身房屋消防安全存在诸多隐患，房东自然要承担部分民事赔偿责任，租户的失火行为在承担民事赔偿外还要被追究失火罪。但还要说明一点，如果在出租经营过程中，消防部门检查发现出租屋的火灾隐患责令房东整改而拖延或拒不整改，导致火灾发生，房东将不只是承担民事赔偿，还可能构成消防责任事故罪，依据《刑法》第一百三十九条第一款的规定，违反消防法律法规，经消防监督机构通知采取改正措施而拒绝执行，造成严重后果的，对直接责任人员，处三年以下有期徒刑或者拘役；后果特别严重的，处三年以上七年以下有期徒刑。

小知识

消防责任事故罪的构成要件

消防责任事故罪是指违反消防法律法规，经消防监督机构通知采取改正措施而拒绝执行，造成严重后果的行为。该罪的构成要件是：

（1）客体要件。本罪侵犯的客体是国家的消防监督制度和公共安全。消防工作是全民同火灾作斗争的事业，关系到国计民生和社会的安定，涉及各行各业、千家万户。我国对消防工作实行严格的监督管制，专门制定了《消防法》《消防监督检查规定》等消防法律法规，其中规定，消防监督机构发现有重大火灾隐患的，应及时向被检查的单位或居民以及上级主管部门发出火险隐患整改通知书，被通知单位的防火负责人或公民，应当采取有效措施，消除火灾隐患，并将整改的情况及时告诉消防监督机构。每个单位和公民都必须严格遵守消防法律法规，认真搞好消防工作，及时消除火灾隐患。而有些单位和公民片面追求经济效益，违反消防法律法规，经消防监督机构通知采取改正措施而拒绝执行，因而发生火灾，造成严重后果，严重破坏消防安全秩序，危害公共安全，给国家、集体和人民群众带来巨大损失。

（2）客观要件。本罪的客观要件为违反消防法律法规且经消防监督机构通知采取改正措施而拒绝执行的行为。违反消防法律法规而造成严重后果，是这种犯罪行为的本质特征。如行为人只是违反了消防法律法规，但没有接到过消防监督机构采取改正措施的通知，则即使造成了严重后果，也不构成本罪。消防监督机构是指根据有关法律法规建立的专门负责消防监督检查工作的机构。违反消防法律法规与严重后果之间存在因果关系，即严重后果是由于违反消防法律法规的行为引起的。违反消防法律法规的行为与严重后果之间没有因果联系，则不构成本罪。

严重后果，通常是指造成了人身伤亡、死亡或公私财产的重大损失。后果特别严重，一般是指造成多人重伤、死亡或者公私财产的巨大损失。根据司法实践经验和有关规定，所谓重大伤亡事故，一般是指死亡1人以上，或者重伤3人以上。所谓严重后果，既包括重大人身伤亡，也包括重大的直接经济损失。直接经济损失的数额一般掌握在100万元以上。直接经济损失虽不足上述规定的数额，但情节严重，使生产、工作受到重大损失的，也应追究直接责任人员的责任。

（3）主体要件。本罪的主体为一般主体。行为人既包括年满16周岁、具有刑事责任能力的自然人，也包括单位。

（4）主观要件。本罪在主观方面表现为过失。可以是疏忽大意的过失，也可以是过于自信的过失。这里所说的过失，是指行为人对其所造成的危害结果的心理状态而言。行为人主观上并不希望火灾事故发生，但就其违反消防法律法规，经消防监督机构通知采取改正措施而拒绝执行而言，却是明知故犯的。行为人明知是违反了消防法律法规，但却未想到会因此立即产生严重后果，或者轻信能够避免，以致发生了严重后果。

参考文献

REFERENCE

［1］王平，徐晓楠，郑兰芳．阴燃——潜在的火灾危险［J］．新安全东方消防，2009（9）：58–62.

［2］石岩峰．住宅小区火灾隐患及消防安全对策［J］．武警学院学报，2017，33（6）：54–57.

［3］陈楠，蒋慧灵．电气防火与火灾监控［M］．北京：中国人民公安大学出版社，2014.

［4］张学奎，闫胜利．建筑灭火设施［M］．北京：中国人民公安大学出版社，2014.

［5］李忠东．火灾逃生的策略［J］．中国减灾，2009（4）：51–53.

［6］黄升强．增强居民消防安全意识，提高社区防控火灾能力［J］．中国科技博览，2015（17）：320.

［7］郑端文，贾冬梅．城镇社区消防教育［M］．北京：中国劳动社会保障出版社，2006.

［8］王建梅．某社区居民院前急救知识认知和需求情况调查［J］．临床医药文献电子杂志，2015，2（31）：6533–6535.

［9］刘中民．图说灾难逃生自救丛书：火灾［M］．北京：人民卫

生出版社，2014.

[10] 东方文慧. 火灾扑救与火场逃生宣传教育手册 [M]. 北京：中国劳动社会保障出版社，2013.

[11] 张卢妍，闫宁. 住宅火灾的特点及逃生方法 [J]. 安全，2018（4）：61–63.

[12] 诸德志. 火灾预防与火场逃生 [M]. 南京：东南大学出版社，2013.